台阶爆破振动危害评判及精确毫秒延时降振技术

陶铁军　赵明生　著

北　京
冶金工业出版社
2016

内容提要

本书通过大量试验研究、理论分析和工程应用，系统阐述了爆破振动"三要素"的相互关系，提出了利用最大瞬时输入能量和滞回耗能作为爆破地震危害评价的双因素准则；建立了爆破地震波总能量的衰减公式，指出了先爆炮孔爆破对后爆炮孔起到屏蔽降振作用；构建了爆破地震波特定频段谱值抑制模型，提出了特定频段爆破地震波精确延时压制降振方法，形成了较为完善的台阶爆破振害防控体系。

本书可供从事工程爆破设计、施工、管理的技术人员和高等院校相关专业的师生参考。

图书在版编目(CIP)数据

台阶爆破振动危害评判及精确毫秒延时降振技术/陶铁军，赵明生著. —北京：冶金工业出版社，2016.4

ISBN 978-7-5024-7194-1

Ⅰ.①台… Ⅱ.①陶… ②赵… Ⅲ.①台阶爆破—爆破振动—延时—研究 Ⅳ.①TB41

中国版本图书馆CIP数据核字（2016）第044457号

出版人 谭学余

地　址 北京市东城区嵩祝院北巷39号 邮编 100009 电话 (010)64027926

网　址 www.cnmip.com.cn 电子信箱 yjcbs@cnmip.com.cn

责任编辑 李培禄 美术编辑 吕欣童 版式设计 葛新霞

责任校对 孙跃红 责任印制 李玉山

ISBN 978-7-5024-7194-1

冶金工业出版社出版发行；各地新华书店经销；固安华明印业有限公司印刷

2016年4月第1版，2016年4月第1次印刷

169mm×239mm；9.5印张；182千字；141页

39.00元

冶金工业出版社 投稿电话 (010)64027932 投稿信箱 tougao@cnmip.com.cn

冶金工业出版社营销中心 电话 (010)64044283 传真 (010)64027893

冶金书店 地址 北京市东四西大街46号(100010) 电话 (010)65289081(兼传真)

冶金工业出版社天猫旗舰店 yjgycbs.tmall.com

（本书如有印装质量问题，本社营销中心负责退换）

前　言

台阶爆破振动危害评判及精确毫秒延时降振技术是爆破工程领域中的热点问题。随着国家经济建设的发展需要，台阶爆破越来越多地应用到矿山开采、铁路与公路路堑成型、场地平整、水利水电设施建设等领域。台阶爆破的应用极大地加快了工程建设速度、提高了生产效率、降低了劳动强度，但台阶爆破在实现预期工程目的的同时，也产生了一系列的负面效应，特别是爆破地震波的负面效应越来越受到人们的关注和重视。因此加强对爆破振动危害效应的研究，采取准确合理的标准对爆破振动的危害效应进行评判，根据评判结果采取相应的技术措施降低爆破振动的危害，已成为当前爆破工作者重点研究的问题。

全书共分为7章，包括以下6个部分：第一部分对台阶爆破振动的特征进行了探讨，研究了爆破振动的危害效应及其评判标准，建立了SDOF模型，讨论了弹性体系爆破地震波三要素以及结构参数对输入能量谱的影响；第二部分根据SDOF模型探讨了爆破地震波三要素、结构参数以及恢复力模型参数对滞回耗能谱的影响规律；第三部分提出了基于最大瞬时输入能量与滞回耗能双因素准则作为爆破振动安全判据；第四部分对爆破地震波能量的计算方法进行了探讨，建立了爆破地震波能量的衰减公式，并结合实际工程对爆破地震波能量的衰减规律进行了研究；第五部分对台阶爆破毫秒延时降振技术的原理进行了探讨，研究了基于波形叠加的干扰降振原理和基于频谱叠加的压制降振原理，并结合岩体变形破坏的能量理论对基于能量的降振原理进行了探讨，研究并实验验证了先爆炮孔对后爆炮孔的屏蔽降振作用；第六部分利用数码电子雷管的精确延时功能，进行了不同毫秒延时爆破的现场实验，并根据监测的爆破振动数据对各组毫秒延时爆破的质点峰值振动速度、主振频率和地震波能量进行了对比分析。

本书所涵盖的内容是作者近几年部分科研成果的总结，希望它的出版能对这方面的研究有所推动，起到抛砖引玉的作用。由于作者水平有限，书中难免存在疏漏和不足，恳请读者批评指正。

作　者

2016 年 2 月

目　录

1 绪　论

随着国家经济建设的发展需要，台阶爆破越来越多地应用到矿山开采、铁路与公路路堑成型、场地平整、水利水电设施建设等领域。台阶爆破的应用极大地加快了工程建设速度、提高了生产效率、降低了劳动强度，但台阶爆破在实现预期工程目的的同时，也产生了一系列的负面效应，特别是爆破地震波的负面效应越来越受到人们的重视。因此加强对爆破振动危害效应的研究，采取准确合理的标准对爆破振动的危害效应进行评判，根据评判结果采取相应的技术措施降低爆破振动的危害，已成为当前国内外爆破工作者重点研究的问题。

目前我国对爆破振动危害评判的依据是《爆破安全规程》（GB 6722—2014）（以下简称《规程》），《规程》对结构体受振破坏采用振动速度与主振频率相结合的方法进行评判，具有重要的参考价值。但也有研究调查表明，按照《规程》进行爆破施工仍然会引起结构的破坏，引发民事纠纷，轻则影响正常施工，重则付诸法律。如广州市郊区的石方爆破工程，施工爆破设计的安全允许振速为2cm/s，实际最大单响药量不超过10kg，然而距施工点50~150m范围内几幢砖混结构的居民楼，出现大量裂缝。居民向当地法院提出诉讼，法院最终判定在施工期间无证据证明有其他原因致使房屋受损，施工队负赔偿责任。重庆市某大桥工程爆破施工出现了质点振动速度峰值未超过《规程》所规定的安全振动速度，而房屋出现墙体开裂、抹灰脱落等破坏异常现象，同时也出现了质点振动速度超过了《规程》所规定的安全振动速度，房屋却没有出现任何破坏的现象。分析原因主要是因为《规程》只考虑了爆破振动的质点振动峰值速度和主频，却没有考虑爆破振动持续时间对结构体造成的塑性累积损伤破坏，还存在着局限和不足，有必要对爆破振动的评判标准进行重新探讨。

对于爆破振动危害效应的控制方法目前主要分为两大类。一类是控制爆源强度，如控制最大起爆药量，采用延时爆破降振技术等；一类是改变地震波在介质中的传播途径，如用预裂爆破形成隔离缝、开挖减振沟槽或钻凿防振孔等。前者往往制约工程爆破施工进度，但是随着毫秒延时起爆技术的发展，及其在工程实践中表现出的良好降振效果，使其成为当前降低爆破振动危害效应的最主要手段之一。在毫秒延时爆破技术中，毫秒延期间隔时间的选取是取得良好降振效果的最重要的参数，但是由于普通毫秒延期雷管毫秒延时精度不高，在实际爆破工程中，常常会出现跳段、重炮现象，而且传统延期雷管不能根据现场施工条件和爆破方案的需要合理设置毫秒延期间隔时间，无法满足理论研究与现场实验的需要，使得毫秒延时爆破降振技术的理论研究和现场应用都受到了很大的制约。近年来，随着高精度雷管和数码电子雷管等精确延时起爆器材的不断发展和应用，很好地解决了普通雷管的延时精度问题，为深入研究毫秒延时爆破降振技术提供了必备的实验器材。但是对于合理毫秒延期间隔时间的选取还存在较大争议，目前尚缺乏一套完整的理论与方法来选取合理的延期间隔时间。

因此本书开展以台阶爆破振动危害评判及精确毫秒延时降振技术为主题的一系列研究，同时开展对爆破振动危害效应及评判方法的研究，开展对精确毫秒延时爆破降振技术原理的研究，并利用数码电子雷管的精确延时功能进行现场实验验证，为降振最优的毫秒延期间隔时间的选取提供依据。研究成果将有利于台阶爆破振动危害的控制，有利于数码电子雷管在台阶爆破工程中的推广应用，有利于促进绿色爆破、环保爆破的实现，为经济发展、社会和谐做出贡献。

2 爆破振动的危害效应研究

2.1 引言

由于炸药在岩土中的爆炸本身就是一个复杂的过程，所引起的爆破地震波在产生与传播过程中又受到多种因素的影响，因此很难给出准确的计算公式对爆破地震波的强度进行预测。人们对爆破地震波危害效应的研究也还不成熟完善，尚缺乏系统的理论对其进行解释。关于爆破振动对建构筑物破坏程度的研究，主要是借鉴天然地震波的研究成果，但是爆破振动与天然地震又有着本质的区别，如天然地震波持续时间长、频率低，而爆破地震波的持续时间短、频率高。此外在台阶爆破工程中，往往采用毫秒延期起爆，爆破地震波是一个由不同时间、不同空间的多个爆源，同时或者顺序起爆引起的爆破地震波叠加组合后形成的复杂波，其波形特征要比天然地震波更为复杂。因此不能简单套用天然地震波的相关理论，而需要对爆破振动的特征及其危害效应进行深入研究。

2.2 爆破地震波的破坏形式和影响因素

台阶爆破地震波的危害效应是指当爆破地震波的强度达到或超过一定量值时，会使周围建构筑物等结构体产生变形、受损及破坏等现象，或者对爆区周围环境产生不利影响。爆破所产生的地震波不仅会造成建构筑物的结构性破坏，而且会降低爆区周围岩体的节理强度，造成岩石破裂或者块体失稳等现象。此外，爆破地震波对周围环境和建构筑物的破坏还存在累积损伤效应。周围岩体、边坡和建构筑物等在爆破地震波长期而反复的作用下，其损伤疲劳裂纹会逐步累积扩展，当疲劳裂纹扩展到一定程度时，也会导致结构物和岩体的毁损变形，甚至会引发大规模的坍塌、滑坡，造成重大的人员伤亡和经济损失。

在实际工程爆破中，人们往往关注最多的是爆破地震波对周围建构筑物的影响，其次是对边坡稳定性的影响。爆破地震波对建构筑物的破坏主要有三种表现形式：

（1）直接造成建构筑物的损伤破坏。当爆破地震波的强度超越建构筑物的抗振能力时，会引起结构完好且无异常缺陷的建构筑物的损伤破坏。

（2）加速建构筑物的损伤破损。对于结构存在疲劳损伤缺陷的建构筑物，爆破振动会加速其内部疲劳损伤和裂纹的发展，当这种损伤发展到一定程度时也会引起建构筑物的毁损。

(3) 间接引起建构筑物的损伤破坏。爆破振动虽然没有直接导致建构筑物的破坏，但是由于爆破振动的作用而导致建构筑物地基的位移或结构体失稳，以及对建构筑物周围环境的破坏，而对建构筑物产生间接破坏效应，甚至造成建构筑物的倒塌破坏。

爆破振动对建构筑物的危害不仅与爆破振动本身的特性有关，也与建构筑物自身的抗振强度和对爆破振动的响应特征有关。在早期的爆破振动危害效应的研究中，各国学者大多从静力学角度出发，只注意到爆破振动对建构筑物的破坏是由于爆破振动的幅值超越建构筑物的承受极限而造成的。因此建立危害效应的判据也都仅从爆破振动的幅值强度出发，如不同时期出现的质点加速度判据、质点振动速度判据、质点位移判据、比例距离判据等。随着人们对爆破振动危害原理的深入研究，特别是对爆破振动频谱特性的认识，振动频率也逐渐被引入到爆破振动危害效应的评判之中。目前，采用质点峰值振动速度和主振频率相结合的评判标准逐渐被广大学者认可并采用。近年来，更有学者指出爆破振动对建构筑物及周围环境的危害效应既与爆破振动速度有关，也与爆破振动的频率和持续时间有关，是三者共同作用的结果。爆破振动对保护目标的破坏，不仅仅存在振动强度首次超越目标体的抗振强度而引起的损伤破坏，也存在多次爆破振动的累积损伤破坏。特别是在爆破作业频繁的区域，即使单次爆破振动的强度不足以直接造成岩体的破坏，但是由于爆破振动长期反复的扰动作用，也会造成岩体或结构体的累积损伤破坏。

2.3 爆破振动强度的表征参量及其在振动危害中的作用

爆破振动的幅值强度、振动频率和持续时间是表征爆破振动特征的“三要素”，一般认为建构筑物等结构体的破坏程度是爆破振动“三要素”与结构体的动力响应特性共同作用的结果。

2.3.1 爆破振动幅值强度及其在振动危害中的作用

在早期的爆破振动特征及其危害效应的研究中，广大学者大多从静力学的角度出发，只注意到了振动幅值在爆破振动危害效应中的作用，认为建构筑物的破坏只与爆破振动的幅值强度有关，并借助爆破振动幅值与应力的关系来研究爆破振动对保护目标的危害效应。把爆破引起的质点振动的幅值强度看成是爆破地震波的强度，并将其作为评判爆破振动是否造成破坏的单一指标，有学者将其称为独立阀值评判法。这类指标主要有质点振动位移幅值、速度幅值和加速度幅值等。

在实际工程中，常采用质点振动速度或加速度的幅值作为爆破振动幅值的表征参量，而较少采用质点振动的位移幅值，这主要是因为质点振动速度和加速度与结构体受振后内部的应力变化具有良好的对应关系。对于采用质点振动速度和质点振动加速度究竟哪个更好，不同的学者有不同的看法。一般认为质点振动加速度与爆破地震波所产生的惯性力具有很好的对应关系，便于换算爆破地震波载荷以及对建构筑物的应力分析，主要在结构抗震工程中采用此指标。

目前在我国工程爆破领域，主要采用质点峰值振动速度作为爆破振动幅值的表征参量。这是因为质点振动速度与地震波能量有很好的对应关系，采用质点振动速度能够很好地表征爆破地震波所携带的能量，以及由振动产生的应力、引起的结构的动能和内应力。采用质点峰值振动速度能够很好地反映结构体在爆破振动作用下的内应力变化情况。当传播介质或者保护目标受到扰动开始振动时，由弹性力学理论有：

$$\sigma = E\varepsilon \tag{2-1}$$

式中，σ 为由爆破振动引起的传播介质或保护目标的内应力；E 为传播介质或保护目标的弹性模量；ε 为传播介质或保护目标在爆破振动作用下产生的应变。

根据波动理论有：

$$\varepsilon = \frac{v}{c} \tag{2-2}$$

式中，v 为爆破振动引起的质点振动速度；c 为爆破地震波在传播介质或保护目标中的传播速度。

将式（2-2）代入式（2-1），可得到应力与振动速度的关系为：

$$\sigma = \frac{Ev}{c} \tag{2-3}$$

由式（2-3）可得爆破振动所引起的极限应力为：

$$\sigma_{\mathrm{m}} = \frac{Ev_{\mathrm{m}}}{c} \tag{2-4}$$

式中，σ_{m} 为由爆破振动引起的传播介质或保护目标的最大内应力；v_{m} 为质点峰值振动速度。

由式（2-4）可以看出爆破地震波对结构体的作用是一个动态的过程。结构体在爆破地震波的激励作用下，内部所产生的应力是一种动态应力，与质点振动速度成正比。最大内应力由质点峰值振动速度、结构体属性和爆破地震波的传播速度等因素共同决定。结构体在爆破振动作用下所产生的最大内应力是造成结构体破坏的主要原因，破坏程度取决于最大内应力 σ_{m} 。而最大内应力 σ_{m} 又与爆破振动的质点峰值振动速度 v_{m} 有直接的联系。当爆破地震波在某一特定结构体中传播时，结构体的弹性模量不变，此时爆破振动所引起的结构体最大内应力 σ_{m} 完全取决于质点峰值振动速度 v_{m}。

同时，质点峰值振动速度也能很好地表征爆破地震波所携带的瞬时能量，所以在工程爆破中将其作为评判振动危害效应的重要指标。

2.3.2 爆破振动频率及其在振动危害中的作用

虽然爆破振动速度和振动加速度的幅值强度与结构体在爆破振动作用下产生的应力有良好的对应关系，能够在一定程度上反映爆破振动对结构物的破坏程度，但是大量的工程实践表明，被保护目标的破坏程度不仅与爆破振动的幅值强度有关，还与爆破振动的频率、持续时间和结构体对爆破振动的动态响应特性有关，仅采用爆破振动幅值强度作为衡量爆破振动强度的唯一指标，显然无法对爆破振动的危害效应做出准确的评判。例如，在天然地震中，当烈度为 7~9 度时，天然地震波加速度的平均值为 0.075~0.3g，在此强度下大部分房屋建构筑物遭受破坏，当在同样幅值强度的爆破振动作用下，一般房屋受到的影响却很小。分析原因主要是因为天然地震波的频率大都在 1~10Hz，与爆破地震波的频率（一般在 10~40Hz，甚至大于 50Hz）相比，天然地震波的频率与普通建构筑物的自振频率（一般为 1~5Hz）更接近，更容易引起建构筑物产生共振现象，从而加大对建构筑物的破坏效应。由此可以看出，爆破振动的破坏程度除了与振动的幅值强度有关之外，还和振动的频率与结构体自振频率的接近程度有很大关系。

爆破地震波的频率对结构体破坏程度的影响主要表现在当爆破地震波的频率与结构体的自振频率接近时，会引起结构体的共振，产生幅值增大的现象。爆破振动频率的影响可以通过振动力学模型表述，假设将爆破地震波对结构体的作用简化为简谐激励作用下带有黏性阻尼器的单自由度系统的稳态强迫振动，即将爆破地震波简化为简谐波，把结构体简化为带有黏性阻尼器的单自由度系统，则在由爆破地震波产生的简谐力的作用下，有黏性阻尼器的单自由度系统的运动微分方程可表示为：

$$m\ddot{y} + c\dot{y} + ky = P\sin\varphi t \tag{2-5}$$

式中，y、$\dot{y}$、$\ddot{y}$ 分别为系统的位移、速度和加速度；c、k 分别为系统的黏性阻尼系数和弹性系数；$P\sin\varphi t$ 为由爆破地震波引起的简谐激励力。

将式（2-5）两边同除以 m 得：

$$\ddot{y} + \frac{c}{m}\dot{y} + \frac{k}{m}y = \frac{P}{m}\sin\varphi t \tag{2-6}$$

定义无量纲 $\xi = \dfrac{c}{2m\omega}$ 为系统的阻力比，则 $\dfrac{c}{m} = 2\xi\omega$，又 $\dfrac{k}{m} = \omega^2$，将其代入式（2-6）得：

$$\ddot{y} + 2\xi\omega\dot{y} + \omega^2 y = \frac{P}{m}\sin\varphi t \tag{2-7}$$

式（2-7）为一个二阶常系数非齐次微分方程，其通解由齐次方程的通解和非齐次方程的任意一个特解组成。将其中一个特解设为：

$$y = c_1\sin\varphi t + c_2\cos\varphi t \tag{2-8}$$

式中，c_1、c_2 为待定常数。将式（2-8）代入式（2-7）得：

$$-\varphi^2 c_1\sin\varphi t - \varphi^2 c_2\cos\varphi t + 2\xi\omega(\varphi c_1\cos\varphi t - \varphi c_2\sin\varphi t) + \omega^2(c_1\sin\varphi t + c_2\cos\varphi t) = \frac{P}{m}\sin\varphi t \tag{2-9}$$

上式对任意时刻都成立，因此：

$$\begin{cases}(\omega^2 - \varphi^2)c_1 - 2\xi\omega\varphi c_2 = \dfrac{P}{m} \\ 2\xi\omega\varphi c_1 + (\omega^2 - \varphi^2)c_2 = 0\end{cases} \tag{2-10}$$

令 $\gamma = \dfrac{\varphi}{\omega}$，$y_{st} = \dfrac{P}{m\omega^2}$，$y_{st}$ 表示激励力最大时刻引起的静位移，将式（2-10）两边同除以 ω^2 得：

$$\begin{cases}(1 - \gamma^2)c_1 - 2\xi\gamma c_2 = \dfrac{P}{m\omega^2} = y_{st} \\ 2\xi\gamma c_1 + (1 - \gamma^2)c_2 = 0\end{cases} \tag{2-11}$$

由克莱姆法则得：

$$\begin{cases}c_1 = \begin{vmatrix} y_{st} & -2\xi\gamma \\ 0 & 1-\gamma^2 \end{vmatrix} \div \begin{vmatrix} 1-\gamma^2 & -2\xi\gamma \\ 2\xi\gamma & 1-\gamma^2 \end{vmatrix} = \dfrac{(1-\gamma^2)y_{st}}{(1-\gamma^2)^2 + (2\xi\gamma)^2} \\ c_2 = \begin{vmatrix} 1-\gamma^2 & y_{st} \\ 2\xi\gamma & 0 \end{vmatrix} \div \begin{vmatrix} 1-\gamma^2 & -2\xi\gamma \\ 2\xi\gamma & 1-\gamma^2 \end{vmatrix} = \dfrac{-2\xi\gamma y_{st}}{(1-\gamma^2)^2 + (2\xi\gamma)^2}\end{cases} \tag{2-12}$$

将式（2-12）代入式（2-7）得到运动微分方程的一个特解为：

$$y = c_1\sin\varphi t + c_2\cos\varphi t = \sqrt{c_1^2 + c_2^2}\sin(\varphi t - \alpha) = A\sin(\varphi t - \alpha) \tag{2-13}$$

式中：

$$\begin{cases}A = \beta y_{st} \\ \beta = \dfrac{1}{\sqrt{(1-\gamma^2)^2 + (2\xi\gamma)^2}} \\ \alpha = \arctan\dfrac{2\xi\gamma}{1-\gamma^2}\end{cases} \tag{2-14}$$

于是运动微分方程（2-7）的通解可表示为：

$$y = e^{-\xi\omega t}(c_3\sin\omega_r t + c_4\cos\omega_r t) + A\sin(\varphi t - \alpha) \tag{2-15}$$

对式（2-15）两边求导得：

$$\dot{y} = -\xi\omega e^{-\xi\omega t}(c_3\sin\omega_r t + c_4\cos\omega_r t) + e^{-\xi\omega t}\omega_r(c_3\cos\omega_r t - c_4\sin\omega_r t) + A\varphi\cos(\varphi t - \alpha) \tag{2-16}$$

代入初始条件求得待定常系数 c_3、c_4 为：

$$\begin{cases} c_3 = \dfrac{\dot{y}_0 + \xi\omega y_0 + \xi\omega A\sin\alpha - A\varphi\cos\alpha}{\omega_r} \\ c_4 = y_0 + A\sin\alpha \end{cases} \tag{2-17}$$

将式（2-17）代入式（2-15）得到运动微分方程式的通解为：

$$\begin{aligned} y = {} & e^{-\xi\omega t}\left(\frac{\dot{y}_0 + \xi\omega y_0}{\omega_r}\sin\omega_r t + y_0\cos\omega_r t\right) + \\ & Ae^{-\xi\omega t}\left(\frac{\xi\omega\sin\alpha - \varphi\cos\alpha}{\omega_r}\sin\omega_r t + \sin\alpha\cos\omega_r t\right) + A\sin(\varphi t - \alpha) \end{aligned} \tag{2-18}$$

式（2-18）中等号右边第一部分表示系统初始条件引起的有阻尼自由振动，频率为 ω_r；第二部分表示由简谐激励力引起的有阻尼自由振动，频率也为 ω_r；第三部分表示系统在简谐激励力作用下的稳态强迫振动，频率与激励力的频率相同，振幅与初始条件无关。由于阻尼作用的存在，第一部分和第二部分的自由振动会随着时间的推移而衰减消失，最后只剩下简谐激励力作用下的稳态强迫振动，也就是特解部分：

$$y = A\sin(\varphi t - \alpha) = \beta y_{st}\sin(\varphi t - \alpha) \tag{2-19}$$

在振动力学中，将 β 称为动力系数，为稳态强迫振动的振幅与激励力引起的静位移之比。其表达式为：

$$\beta = \frac{1}{\sqrt{(1 - \gamma^2)^2 + 2\xi\gamma}} \tag{2-20}$$

从式（2-20）可以看出动力系数 β 与频率比 γ 和阻尼比 ξ 有关。以频率比为横坐标，动力系数为纵坐标，画出不同阻尼比情况下动力系数随频率比的变化曲线，如图 2-1 所示。

从图 2-1 可以看出：当频率比 $\gamma = \dfrac{\varphi}{\omega} \to 0$ 时，动力系数 $\beta \to 1$，激励力的频率变化很小，可以将激励力近似地看作为静载荷；当频率比 $\gamma = \dfrac{\varphi}{\omega} \to \infty$ 时，动力系数 $\beta \to 0$，激励力变化太快，系统来不及响应，几乎不动；当频率比 $\gamma = \dfrac{\varphi}{\omega} \to 1$ 时，即激励力的频率等于系统的固有频率时，出现共振现象，此时系统在简谐力作用下的幅值为 y_{st} 的 β 倍。仔细观察幅频特性曲线还可以发现：共振时动力系数并非最大，动力系数的最大值出现在共振点之前频率比为 $\gamma = \sqrt{1 - 2\xi^2}$ 处，此时动力系数的最大值为：

$$\beta_m = \frac{1}{2\xi\sqrt{1-\xi^2}} \tag{2-21}$$

从式（2-21）可以看出：当阻尼比较小时，最大动力系数为一个很大的值，随着阻尼比的增大，动力系数急剧下降。当系统的阻尼比大于 0.5 时，动力系数几乎变成一条平滑的曲线，随频率比的增加而缓慢衰减。

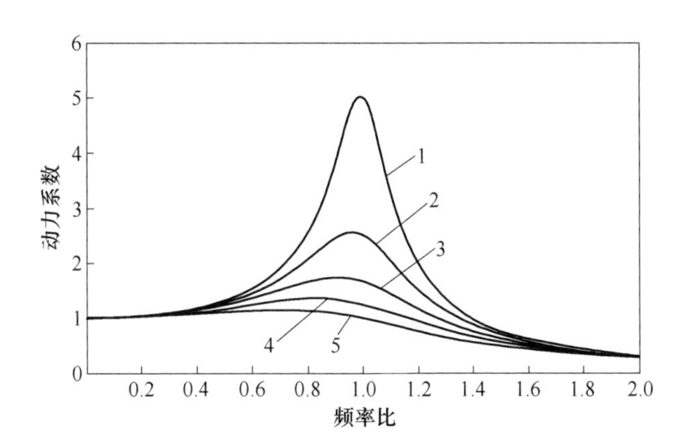

图 2-1 幅频特性曲线

阻尼比：1—0.1；2—0.2；3—0.3；4—0.4；5—0.5

有黏性阻尼器的单自由度系统在简谐激励力作用下的运动微分方程在实际爆破工程中的物理意义为：当结构体的阻尼比小于 0.5 时，爆破地震波的频率与结构体的自振频率越接近，由共振作用引起结构体振动响应的幅值越大，爆破振动的危害效应也就越大，这时必须考虑爆破地震波的频率对结构体受振破坏程度的影响；当结构体的阻尼比大于 0.5 时，爆破地震波的频率对结构体振动响应的幅值影响不大，可不考虑爆破地震波的频率对结构体受振破坏程度的影响。实际工程中，台阶爆破工程爆破地震波的频率往往都比结构体的自振频率大，其本身又是由多个不同频率的谐波组合而成的，因此提高爆破地震波的主振频率，将能大大降低由共振作用引起的结构体振动响应幅值增大的现象，从而减小爆破地震波的危害效应。

此外由于台阶爆破是多爆源同时或顺序起爆，所产生的爆破地震波在一开始就是一个由多个波形相互干涉、叠加的复合波，在进行频谱分析时，其频率范围更加宽泛，常常出现主频能量不突出，或者出现多个能量相差不大的主振频率，如图 2-2 所示。同时由于岩土等传播介质的高频滤波效应，在爆源近区，爆破地震波的高频成分较为丰富，随着爆心距的增加，爆破振动信号低频所占的能量比例增大。

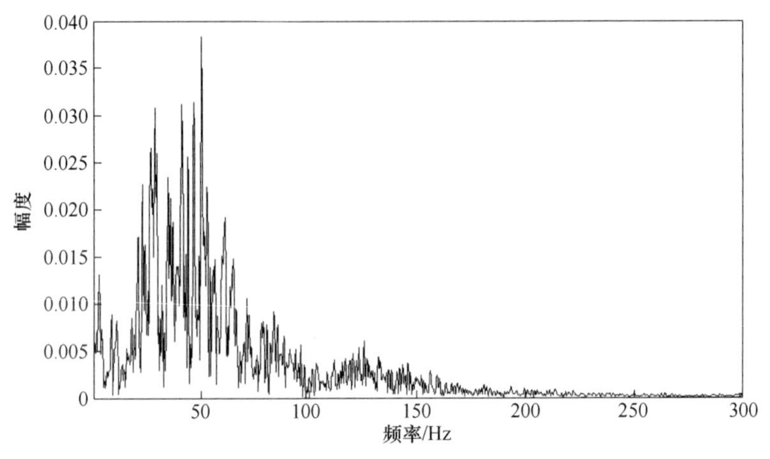

图 2-2　频率范围宽泛的爆破振动频谱图

2.3.3　爆破振动持续时间及其在振动危害中的作用

爆破振动的持续时间也是描述爆破地震波特性的一个非常重要的参数。一般认为振动持续时间对爆破振动破坏程度的影响主要体现在当爆破振动引起的保护目标的应力应变超出其弹性极限后，持续的爆破地震波会导致爆破目标塑性变形的累积，当这种塑性变形发展到一定程度时，就会导致保护目标的破坏，这种破坏称为累积破坏；如果爆破振动的强度没有超出保护目标的弹性极限时，爆破地震波的持续时间对结构的破坏不产生显著影响，只有当爆破振动的强度超过保护目标的弹性极限时才考虑爆破振动持续时间的影响。

有关文献将爆破振动持续时间对保护目标破坏程度的影响归纳为：（1）振动持续时间使线性体系受振后出现较高峰值的概率增加；（2）对于无退化的非线性体系，振动持续时间使结构出现永久较大变形的概率增加；（3）对于强退化的非线性体系，振动持续时间对最大变形的影响很大；（4）振动持续时间对退化或非退化非线性体系的能量耗散累积有重大影响；（5）振动持续时间是砂土出现液化现象的重要原因之一。

大量的文献在研究爆破振动持续时间对振动危害效应的影响时，都集中在振动持续时间会造成累积损伤，增大结构体受振破坏的概率。而通过本章运动微分方程的求解结果可知，振动持续时间对保护目标受振破坏程度的影响不仅表现在形成累积损伤上，还表现在对振动响应幅值的影响上。保护目标在振动作用下形成稳态强迫振动需要一个过渡时间段，当产生共振时，由式（2-14）可得 $\alpha = 90°$，因此 $\cos\alpha = 0$，$\sin\alpha = 1$；受振之前保护目标是静止的，有 $y_0 = \dot{y}_0 = 0$，代入式（2-18）得到过渡阶段的合运动为：

$$y=\frac{y_{st}}{2\xi}\left[e^{-\xi\omega t}\left(\frac{\xi\omega}{\omega_r}\sin\omega_r t+\cos\omega_r t\right)-\cos\omega t\right] \tag{2-22}$$

根据上式画出过渡阶段运动曲线的示意图，如图 2-3 所示。

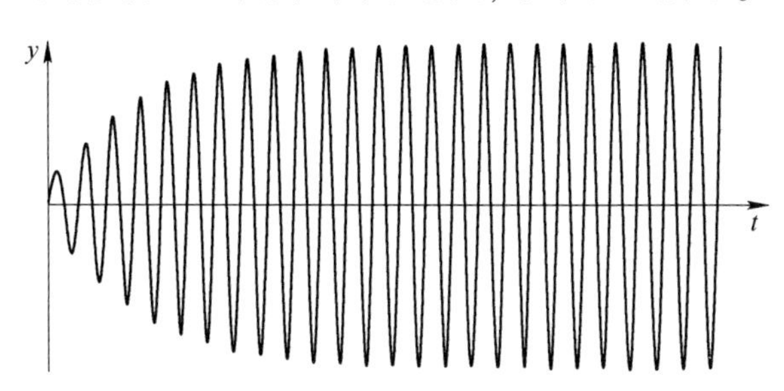

图 2-3 形成稳态强迫振动过渡阶段示意图

从图 2-3 可以看出，保护目标在外在激励力的作用下，要想达到稳态的强迫振动需要一个过渡时间段，在这个时间段内，结构体的振动幅值随着振动持续时间的增加而增大，经历过渡时间段之后，保护目标的振动幅值达到最大并趋于稳定。实际爆破工程中，炸药爆炸是瞬间完成的，其产生的地震波是一个瞬态的脉冲波，在爆源近区持续时间都比较短，需要考虑持续时间对结构体振动响应幅值的影响。

在台阶爆破中，爆破振动的持续时间还与炮孔装药量、延期时间和起爆方式有关。有关文献研究表明：在爆破地震波的传播过程中，随着爆心距的增加，爆破振动的持续时间有延长趋势。

2.4 爆破振动特性对反应谱的影响

反应谱理论是架构在爆破振动特征和结构体相应特性之间的一座桥梁，为了分析爆破振动三要素对反应谱的影响，选取三段实测的爆破地震波，计算得到加速度信号，并经过 EEMD 低通去噪，获取准确而清晰的加速度时程曲线，然后进行 AOK 时频分析来获取三段加速度信号的频域信息。去噪后的加速度信号及其时频等高线见图 2-4 和图 2-5。由图 2-5 可见，图 a 所示加速度信号的频域成分比较简单，主要分布在 [6, 29]Hz、[0.4, 0.9]s，主频为 12.5Hz；图 b 所示加速度信号的频域成分比图 a 的丰富，主要分布在 [5, 32]Hz、[0.1, 0.4]s，主频为 18.5Hz；图 c 所示加速度信号的频域成分较复杂，主要分布在 [25, 90]Hz、[0.4, 1.8]s，主频为 47.5Hz。因此可对三加速度信号利用人工调整的方法分析爆破振动三要素对反应谱的影响。

2.4.1 爆破振动持续时间对反应谱的影响

为了分析爆破振动持续时间对反应谱的影响，需排除质点振动速度峰值和频

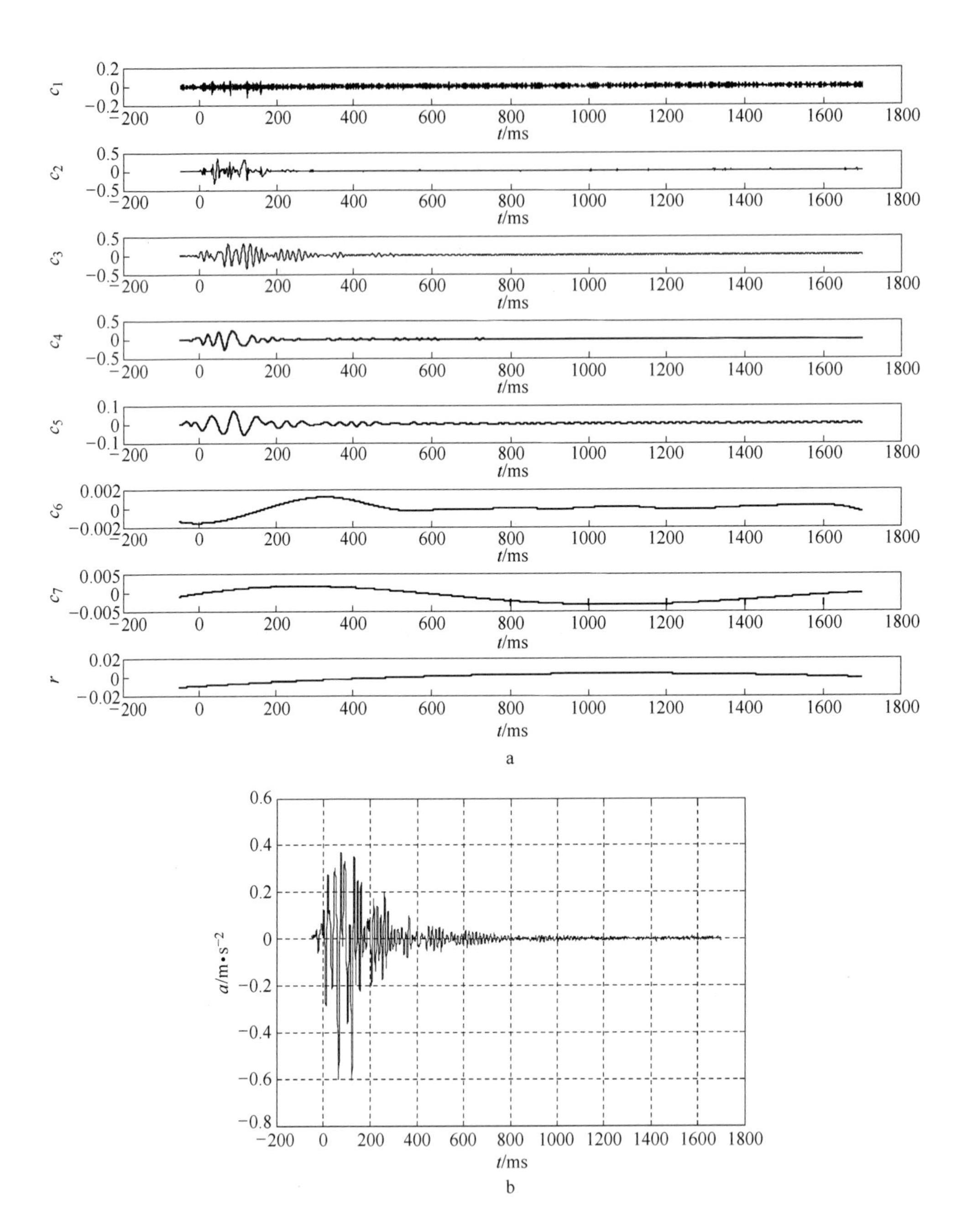

图 2-4　EEMD 分解及降噪效果

a—EEMD 分解；b—EEMD 低通去噪

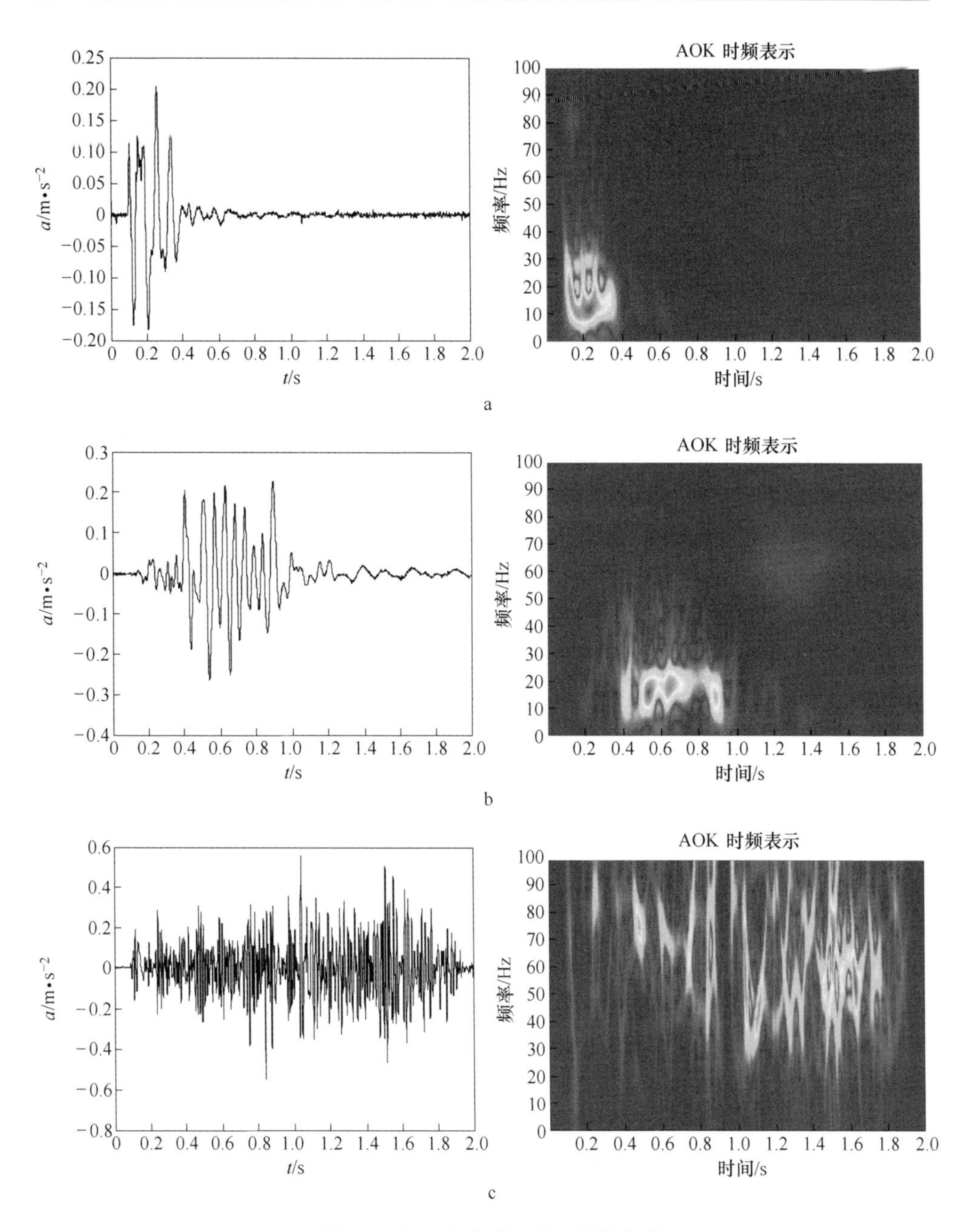

图 2-5 加速度信号及其时频等高线

a—主频为 12.5Hz；b—主频为 18.5Hz；c—主频为 47.5Hz

率的影响，文献研究表明，实测的质点振动速度峰值相同所对应的质点振动加速度峰值相等。因此将图 2-5a 中的加速度信号，通过人工调整为持续时间为原加速度信号 2 倍、加速度峰值和频率均与原加速度信号相同的人工信号。调整后的加速度信号见图 2-6a，并进行 AOK 分析得到时频等高线见图 2-6b。由此将图 2-5a、图 2-6a 的加速度信号，取结构阻尼比 $\xi=0.05$，编制程序，采用精确法计算得到反应谱。

由于振动速度主要与能量有关，能够体现出系统黏性阻尼力的响应，因此选取速度反应谱和标准速度反应谱为对象，来分析爆破振动持续时间对反应谱特性的影响。具有不同持续时间的加速度信号速度反应谱见图 2-7，标准速度反应谱见图 2-8。由图 2-7、图 2-8 可见，具有不同持续时间的两条加速度信号的速度反应谱和标准速度反应谱完全一致，这说明反应谱不能反映爆破振动持续时间的作用。

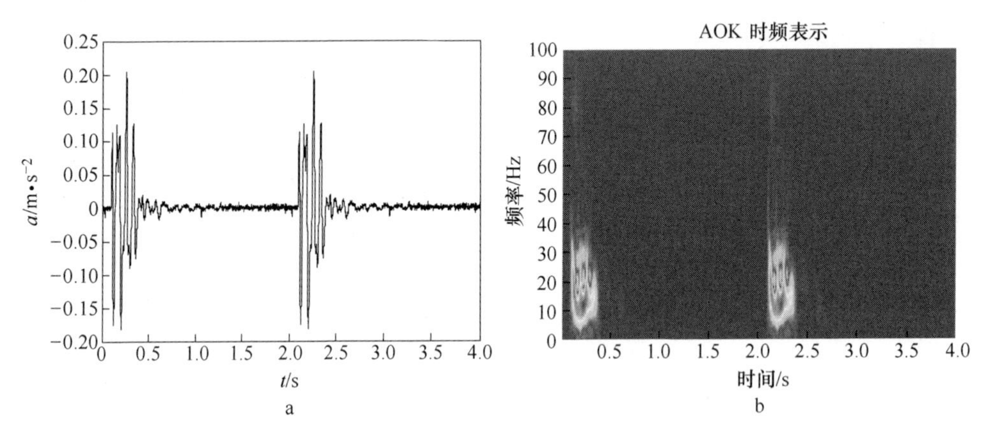

图 2-6　持续时间调整后的加速度时程曲线及时频等高线

a—调整后的加速度时程曲线；b—时频等高线

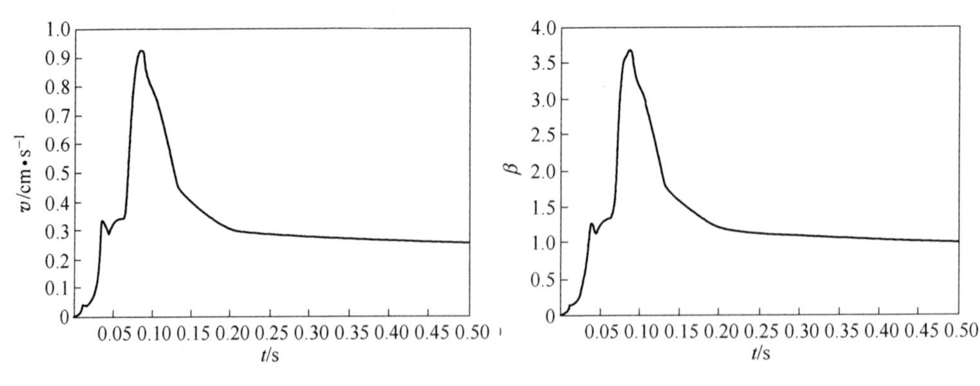

图 2-7　具有不同持续时间的加速度信号速度反应谱

图 2-8　具有不同持续时间的加速度信号标准速度反应谱

2.4.2　质点振动峰值速度对反应谱的影响

由于反应谱不能反映爆破地震波持续时间，因此为分析质点振动峰值速度对反应谱的影响，需排除频率因素。将图 2-5a 中的加速度信号通过人工调整，使其加速度峰值依次为 0.2m/s²、0.5m/s²、0.8m/s²，调整后的加速度信号见图 2-9。编制程序，采用精确法计算得到速度反应谱与标准速度反应谱。速度反应谱见图 2-10，标准速度反应谱与图 2-8 完全一致，这里不再重复。由图 2-8、图 2-10 可见，质点振动的峰值速度对标准反应谱没有影响，随着质点振动峰值加速度的增大，速度反应谱相应地增大，其增大的倍数相等，因此可以认为在频率信息相同的情况下质点振动峰值速度越大结构体系的动态响应也越大。

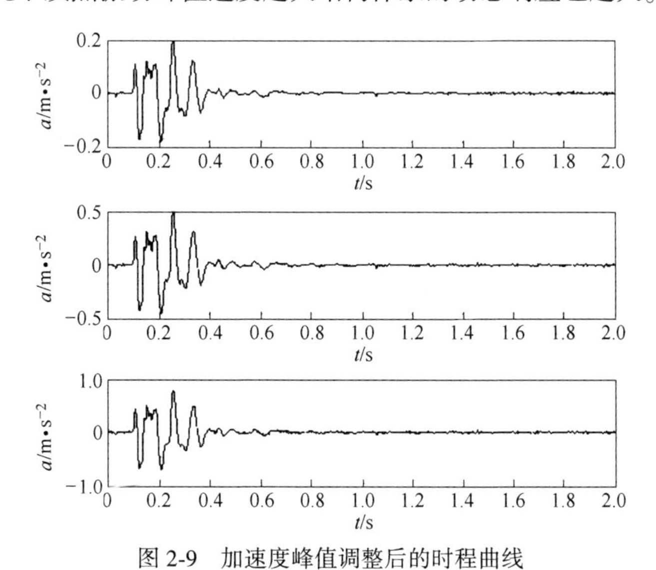

图 2-9　加速度峰值调整后的时程曲线

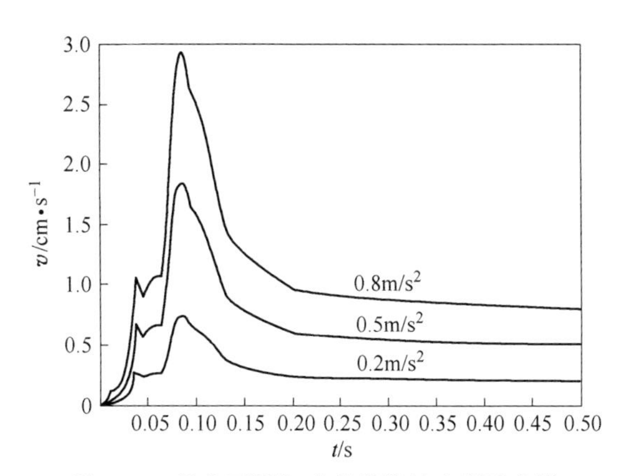

图 2-10　具有不同加速度峰值的速度反应谱

2.4.3　爆破振动主频对反应谱的影响

由于爆破地震波的持续时间对反应谱没有影响，为分析爆破振动主频对反应谱的影响，需排除加速度峰值因素。因此将图 2-5 中 3 条加速度信号峰值进行归一化，调整后的加速度信号见图 2-11。编制程序，采用精确法计算得到反应谱。由于质点振动速度峰值与质点振动加速度峰值存在对应关系，在质点振动加速度峰值相同的情况下，相同频率的速度反应谱与标准速度反应谱存在倍数关系，因此仅列速度反应谱来说明问题，速度反应谱见图 2-12。由图 2-12 可见，在质点振动峰值加速度相同的情况下，主频越低速度反应谱的峰值越大，对应结构的振动自振周期越大，频域信息越简单对应的速度反应谱形态越简单，频域信息越复杂对应的反应谱突峰越多。

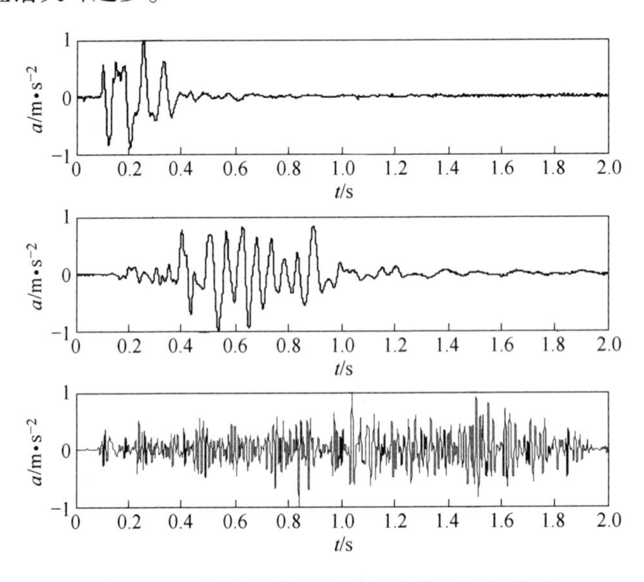

图 2-11　不同频率相同加速度峰值的时程曲线

由上述分析可知：

（1）爆破振动速度反应谱和标准速度反应谱的形态完全一致，标准速度反应谱与输入的加速度峰值无关，而与输入的加速度信号的频率以及结构体对该频率的选择放大有关；速度反应谱不仅与输入的加速度峰值有关而且还能体现结构体对输入的加速度信号的放大作用，是爆破地震波质点振动峰值速度、频率与结构体三者的共同作用。

（2）在频域成分相同的条件下，爆破地震波的质点振动速度峰值越大速度反应谱的峰值越大；在质点振动峰值速度相同的条件下，爆破地震波的频率越低，反应谱的峰值越大，对应的结构的自振周期也越长，频域成分越复杂反应谱

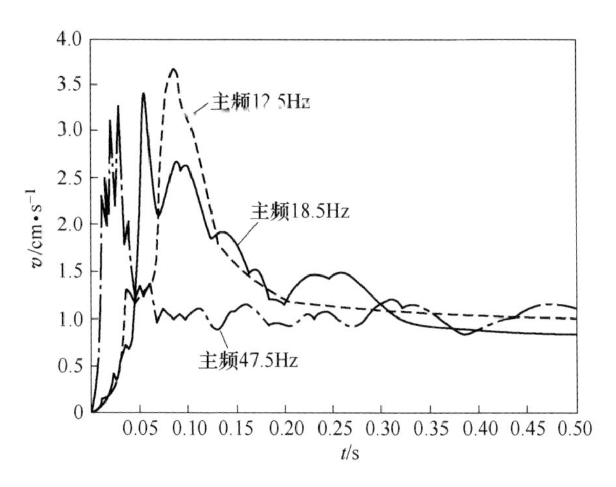

图 2-12 具有相同加速度峰值的速度反应谱

的突峰越多，使结构选择放大的几率增加，不利于结构的安全。

（3）爆破振动反应谱虽然能将爆破振动的幅频特性与结构的动态响应相结合，但是不能反映爆破振动持续时间的危害。爆破振动的持续时间与结构非线性反应的累积损伤有关，因此限制了反应谱在爆破地震波分析中的应用范围，需进一步的分析和研究。

2.5 爆破振动特性对输入能量谱的影响

爆破振动对结构的破坏是能量的输入、转化和耗散的过程，当爆破振动的输入能小于结构的耗能能力时，结构是安全的。目前基于能量法对爆破振动效应的研究一般是以实测的结构基础处速度信号通过计算获取的能量作为结构的输入能量。然而地震工程的研究表明，地震作用下结构的输入能量不仅与地震波的峰值、频率以及持续时间有关，而且与结构本身的固有参数，如阻尼比、固有周期、滞回模型参数等相关。文献研究表明，SDOF 体系弹性输入能量谱与弹塑性输入能量谱差别不大，而文献认为滞回耗能模型及参数对输入能量谱有一定的影响。本章为了说明结构参数对爆破振动输入能量谱的影响，探索采用弹性 SDOF 体系为对象研究结构固有参数以及爆破振动特性对输入能量谱的影响规律。

下面以华新水泥（恩施）有限公司爆破振动监测的实测数据为例，来说明输入能量反应谱的计算过程。实测的爆破振动速度信号见图 2-13，该信号的采用频率为 2000 Hz，由实测信号计算得到加速度时程曲线见图 2-14。由图 2-14 所示，直接微分获取的加速度时程曲线含有较高的噪声成分，因此利用 EEMD 进行低通去噪处理，EEMD 分解后的各 IMF 分量见图 2-15，低通去噪后的加速度时程曲线见图 2-16。将去噪后的加速度时程曲线作为单位质量弹性 SDOF 体系动力计算的输入数据，选取结构的阻尼比 $\xi=0.05$、结构的固有周期 $T=0.1\mathrm{s}$，利用 Newmark-β 进行逐步积分计算，得到结构在爆破振动作用下加速度、速度以及位移时程曲线，见图 2-17～图 2-19。然后计算得到结构的输入能、动能、弹性应变能、阻尼耗能时程曲线以及不同形式能量占总能量的比例，见图 2-20、图 2-21。由图 2-20、图 2-21 可见：(1) 爆破振动输入能时程曲线在一些时间段上有下降的现象，产生这种现象的原因是在动力载荷作用下，有阻尼体系的动力反应存在滞后现象。而目前对爆破振动输入能的积分定义使得在某些时间段上爆破振动作用力与体系位移异号，即爆破振动作用力做负功，从而使得爆破振动输入能在某些时间段上出现下降现象。(2) 输入能量是一个逐渐累计的过程，随着时间的推移，输入能量逐渐增加，在爆破振动结束时，输入能通常达到最大值。(3) 爆破

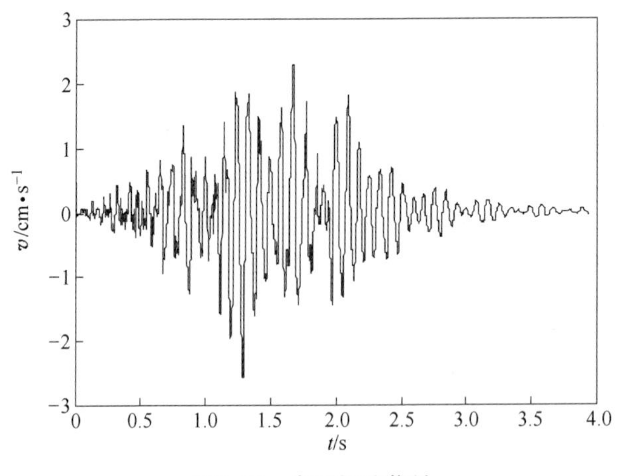

图 2-13　实测振速信号

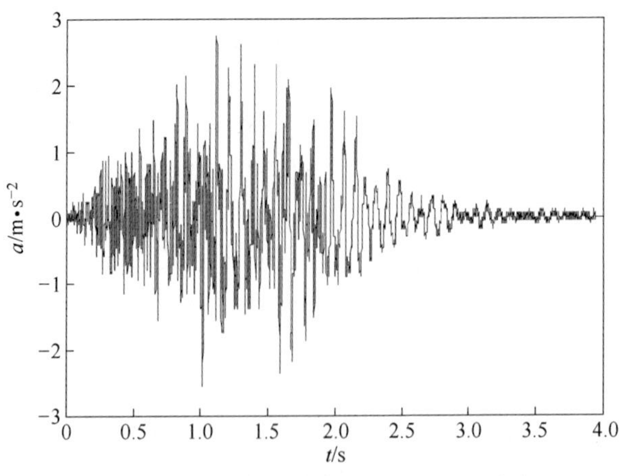

图 2-14　直接微分获得的加速度时程曲线

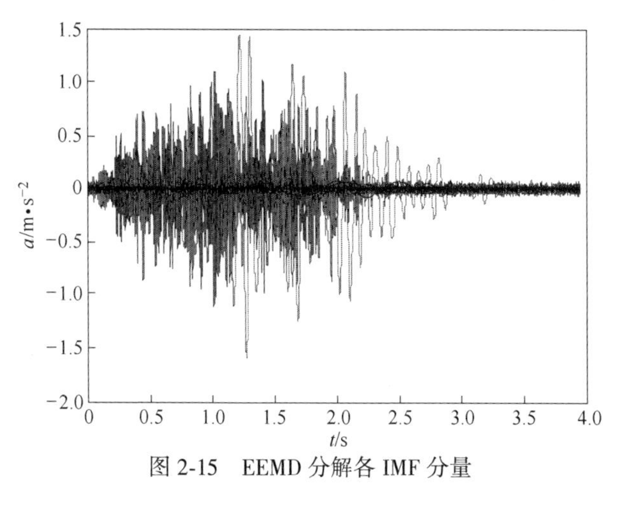

图 2-15 EEMD 分解各 IMF 分量

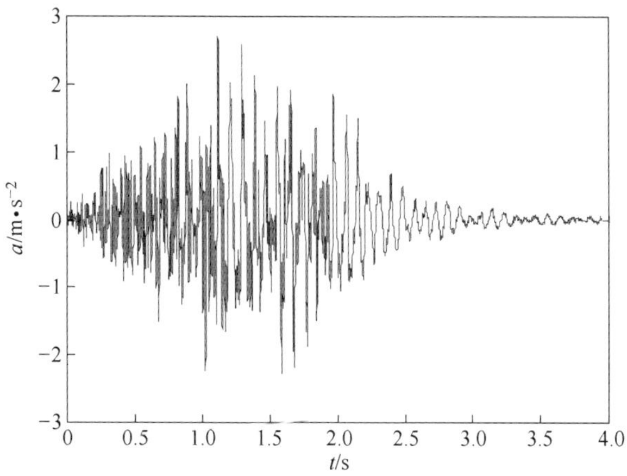

图 2-16 低通去噪后的加速度时程曲线

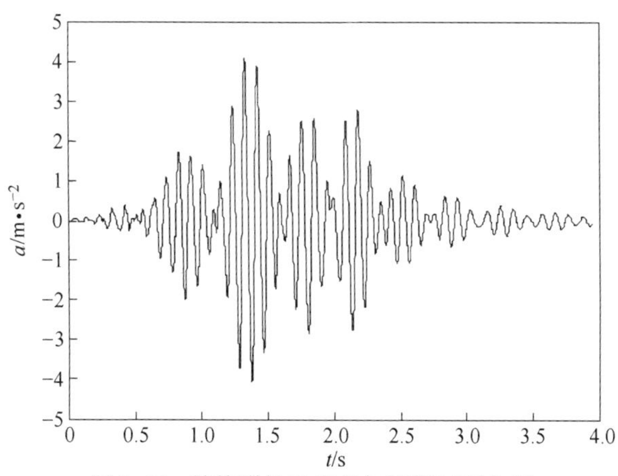

图 2-17 结构弹性反应的加速度时程曲线

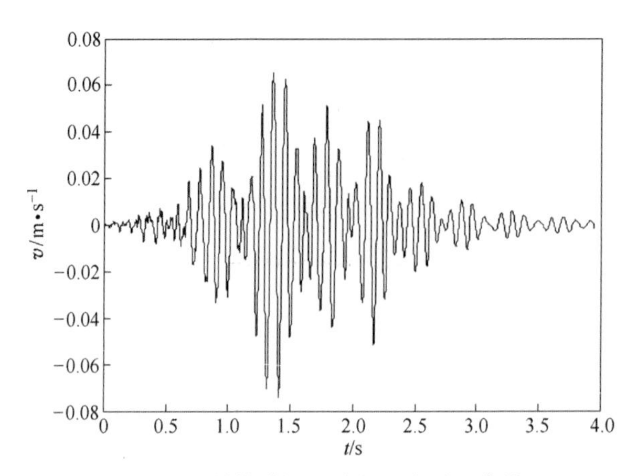

图 2-18　结构弹性反应的速度时程曲线

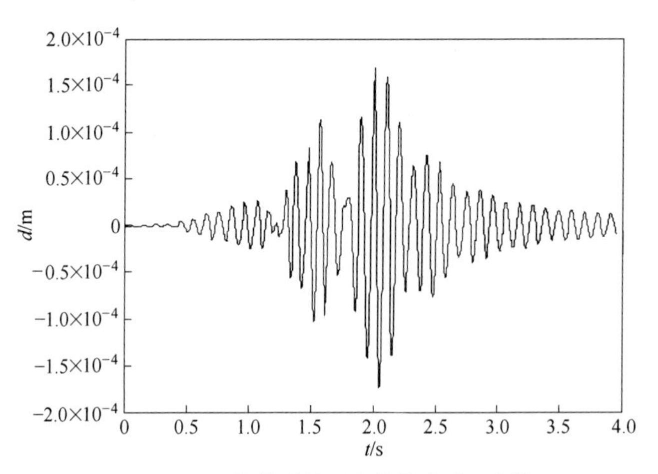

图 2-19　结构弹性反应的位移时程曲线

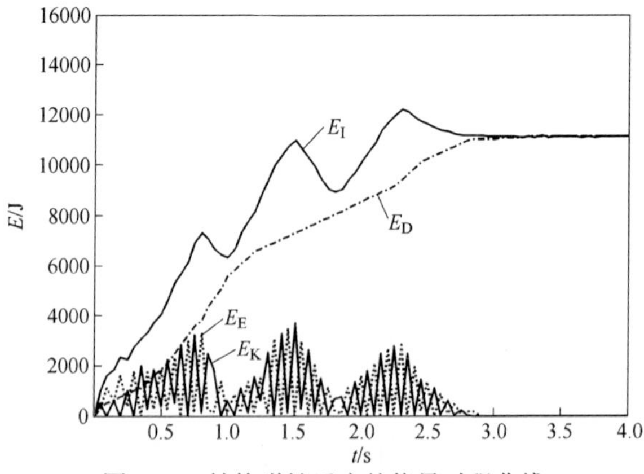

图 2-20　结构弹性反应的能量时程曲线

振动作用下弹性SDOF体系能量主要由输入能、动能、弹性应变能和阻尼耗能组成，动能和弹性应变能随着持续时间的增加不断地相互转化，并最终全部转化为阻尼耗能，爆破振动反应结束后输入结构的总能量全部以阻尼耗能的形式进行消耗，因此在弹性SDOF体系中，阻尼耗能体现了随时间的累积效应。

选取结构的固有周期从0s到1s，步长为0.01s，计算不同周期下结构在爆破振动作用下的输入能量，以结构的固有周期为横坐标、不同周期下输入能量为纵坐标，这样就得到了弹性SDOF体系的输入能量谱，见图2-22。

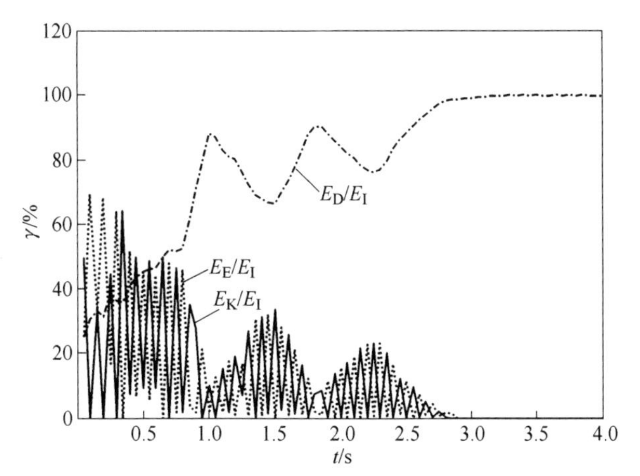

图2-21 结构弹性反应各能量占输入能的比例

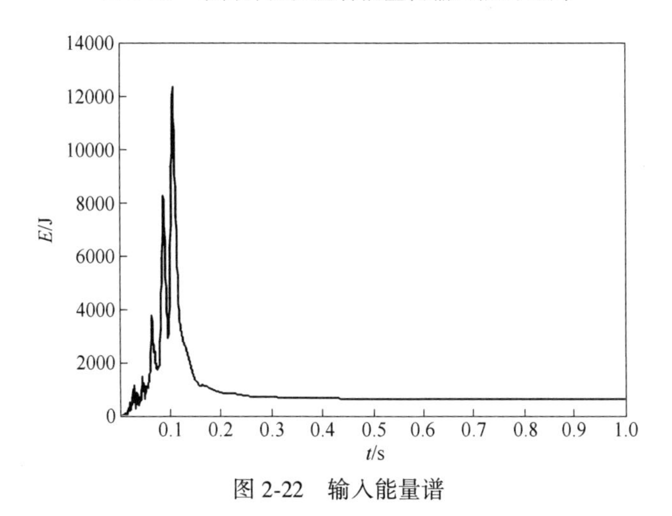

图2-22 输入能量谱

2.5.1 爆破振动峰值速度对输入能量谱的影响

为了比较爆破振动峰值速度对输入能量谱的影响，需排除频谱、持续时间以及结构参数的影响。因此采用图2-9所示人工调整的峰值依次为0.2m/s^2、

0. 5m/s²、0. 8m/s²的加速度时程曲线，取结构的阻尼比为 $\xi = 0.05$，经计算得到不同加速度峰值的输入能量谱，见图 2-23。由图 2-23 可见：（1）爆破振动加速度时程曲线的峰值不影响输入能量谱形状。（2）随着加速度峰值的加大，输入能量谱峰值增大且与加速度峰值增大呈平方关系。

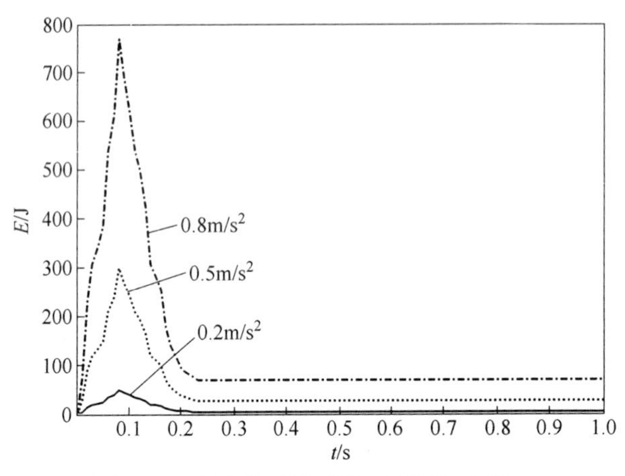

图 2-23　加速度峰值对输入能量谱的影响

2. 5. 2　爆破振动主频对输入能量谱的影响

为了分析爆破地震波主频对输入能量谱的影响，需排除爆破振动峰值速度、持续时间以及结构参数的影响。因此将图 2-11 中的加速度时程曲线进行人工调整，截取包含主频在内的 0. 5s 持续时间范围的加速度时程曲线，峰值均调整为 1m/s²。取结构的阻尼比为 $\xi = 0.05$，经计算得到不同主频加速度时程曲线的输入能量谱，见图 2-24。由图 2-24 可见，爆破地震波的主频对输入能量谱的影响较大，主要表现在：（1）爆破地震波的主频越大输入能量谱峰值对应结构的固有周期越小。（2）爆破地震波的主频越小对应输入能量谱的峰值增大。（3）主频为 47. 5Hz 的爆破地震波其频域成分比较复杂，从而导致输入能量谱上出现多个突峰。因此可以认为，爆破地震波的频谱是影响输入能量谱形状的重要因素，主频及频谱特性对输入能量谱的峰值以及峰值对应的结构固有周期都有较大的影响。

2. 5. 3　爆破振动持续时间对输入能量谱的影响

为分析爆破振动持续时间对输入能量谱的影响，需排除峰值、频谱特性以及结构参数的影响。因此选取图 2-5a 中加速度信号，调整成两段信号如图 2-6a 所示，以同样的方法调整成三段信号，将加速度峰值统一调整为 1m/s²。取结构的阻尼比为 $\xi = 0.05$，经计算得到不同持续时间加速度时程曲线的输入能量谱，见图 2-25。由图 2-25 可见：（1）爆破振动持续时间对输入能量谱的形状几乎无任

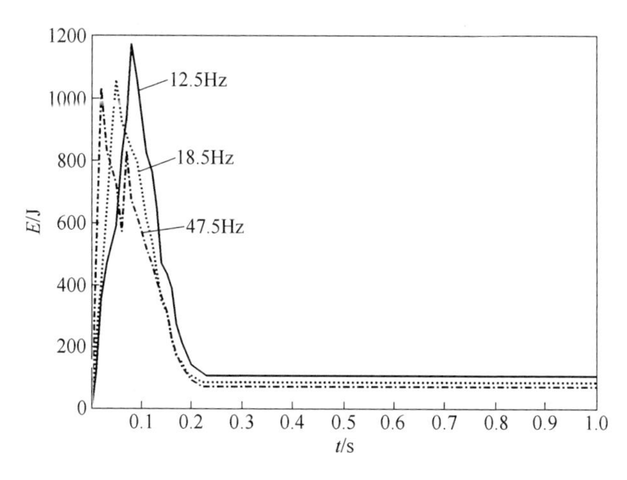

图 2-24 主频对输入能量谱的影响

何影响。(2) 随着爆破振动持续时间延长所对应的输入能量谱值增大。由此可以认为，爆破振动输入能量能综合反映爆破振动三要素，特别是能反映爆破振动持续时间这一重要因素，有效地克服了利用反应谱理论对爆破地震效应研究的缺陷和不足。

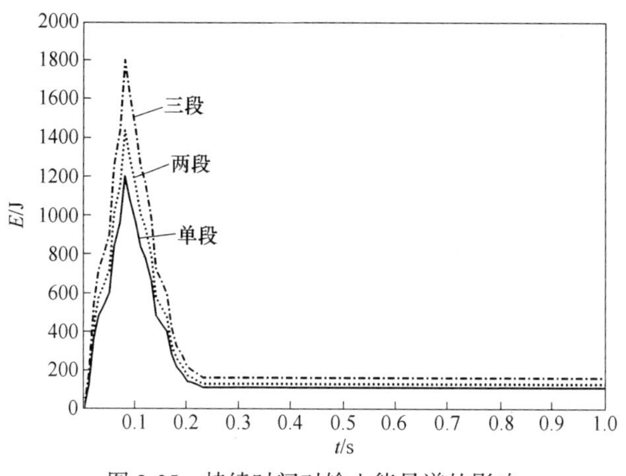

图 2-25 持续时间对输入能量谱的影响

2.6 结构参数对输入能量谱的影响

2.6.1 结构阻尼比对输入能量谱的影响

为了分析阻尼比对输入能量谱的影响，需排除爆破振动特性。因此选取图 2-5a 中的加速度信号，调整加速度峰值为 1m/s^2。选取结构阻尼比分别为 0.02、

0.05、0.08，经计算得到不同阻尼比下爆破地震波的输入能量谱，见图 2-26。由图 2-26 可见：(1) 随着结构阻尼比的增大，输入能量谱峰值下降，但是在输入能量谱曲线峰值区域以外，输入能量谱值随着阻尼比的增大而增大。(2) 阻尼比的增加虽然可以使输入能量谱平滑，但是输入能量谱的形状几乎没有改变。这与文献对天然地震输入能量谱的研究成果相符。

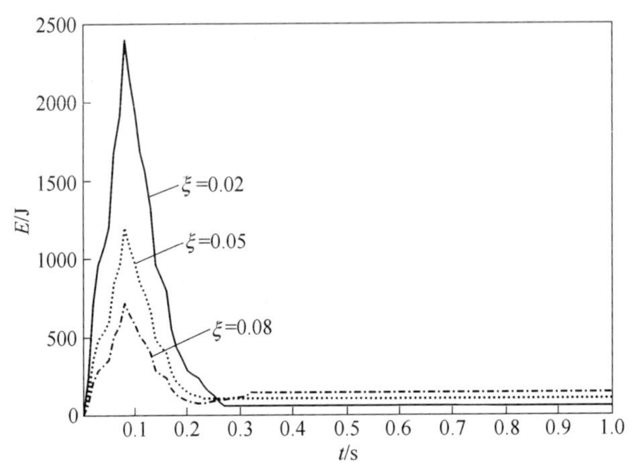

图 2-26　阻尼比对输入能量谱的影响

2.6.2　结构固有周期对输入能量谱的影响

为了分析结构固有周期对输入能量谱的影响，需排除爆破振动特性及结构的阻尼比。因此选取图 2-5a 中的加速度信号，调整加速度峰值为 $1\mathrm{m/s^2}$，取结构的阻尼比 $\xi = 0.05$，固有周期分别为 0.04s、0.08s 以及 0.15s，经计算得到不同固有周期下爆破地震波的输入能量时程曲线，见图 2-27。

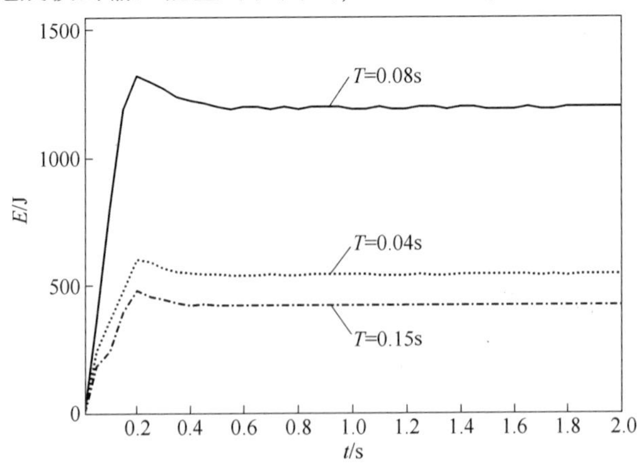

图 2-27　固有周期对输入能量谱的影响

由于所选爆破地震波的主频为 12.5Hz，对应的固有周期为 0.08s，因此由图 2-27 可见：（1）不同固有周期对爆破地震波输入能量的时程曲线有所差别。（2）爆破地震波的特征周期与结构的固有周期越接近所对应的输入能量也就越大。因而从输入能量的观点进一步证明，当结构自振周期与爆破地震波的卓越周期相近时会出现类共振现象，这对结构的安全是极其不利的。

2.7 小结

本章从振动力学和结构力学的相关理论出发，研究了爆破振动的危害现象，爆破振动“三要素”在振动危害中的作用及其相互关系，以及爆破振动“三要素”对结构体相应程度的影响，主要得出以下结论：

（1）通过建立爆破振动相应方程，对爆破振动“三要素”在振动危害中的作用及其相互关系进行了研究，研究结果表明：爆破地震波的频率和持续时间都对结构体的振动响应幅值有影响。当爆破地震波的频率与结构体的频率相近时，会产生共振现象，引起结构体振动响应幅值的增加。结构体从开始振动到形成振动幅值最大的稳态强迫振动状态需要一个过渡时间段，在这个时间段内，结构体的振动幅值随持续时间的增加而增大，经历过渡时间段后，结构体的振动幅值达到最大并趋于稳定。

（2）结构体在爆破地震波作用下的振动响应是一个复杂的过程，是爆破振动“三要素”与结构体动力响应特性共同作用的结果，应将质点峰值振动速度、振动频率和持续时间同时纳入爆破振动的安全评判中。

（3）输入能量谱的形状主要与爆破地震波的频谱有关，爆破地震波的主频越大输入能量谱峰值对应结构的固有周期越小，相同条件下主频越低对应输入能量谱的峰值越大；爆破地震波的振速和持续时间对输入能量谱的形状几乎没有影响，但是随着峰值的增大输入能量谱的峰值以振速峰值比的平方倍关系增大。爆破地震波的持续时间越长输入能量谱的峰值越大，因此输入能量很好地体现了爆破振动持续时间的影响；随着结构阻尼比的增大爆破地震波输入能量谱峰值降低，峰值区域以外输入能量谱的谱值增大，阻尼比的增大表现出很好的平滑作用；相同条件不同固有周期下输入能量反应的时程曲线不同，并且结构固有周期与爆破地震波卓越周期越接近输入能量越大。

（4）虽然弹性 SDOF 体系的输入能量谱能综合反映爆破振动三要素与结构固有特性，但是弹性输入能量谱的研究基础是假设结构在爆破振动作用下的反应是弹性的，并没有考虑到结构的塑性累积损伤。结构在爆破振动作用下发生塑性变形所引起的累积损伤破坏是结构破坏的重要因素，因此还需进一步的分析和研究。

3 爆破振动作用下弹塑性滞回耗能谱研究

3.1 引言

弹性 SDOF 结构能量反应谱，虽然能综合考虑爆破振动三要素与结构的固有参数，但其最大的缺陷是不能反映爆破振动的累积效应。爆破振动累积作用主要表现在多次重复爆破与长延时爆破两种形式。大量爆破工程振害调查表明，爆破振动引起的累积损伤是结构破坏的重要因素。爆破振动作用下结构的反应实质上是能量的输入、转化和耗散的过程。弹塑性结构能量分析的研究观点认为，在爆破振动作用下，爆破地震波以能量的形式不断地传递到结构中，其中一部分能量以可恢复动能和应变能形式储存起来，另一部分则以阻尼和非弹性变形的滞回耗能耗散掉。结构动能和弹性应变能只参加能量的转化而不会耗散能量，故结构进入弹塑性阶段后，爆破振动的输入能量主要通过阻尼和塑性变形来耗散。由于结构的阻尼比变化范围一定，而结构的塑性变形不可恢复，因此滞回耗能被认为是最具工程意义的能量指标，是衡量结构塑性累积损伤的重要参数。因而利用结构的滞回耗能作为指标来反映爆破振动作用对结构的累积损伤，将有着重要的意义。

本章以滞回耗能谱为研究对象，首先研究爆破振动三要素、结构参数对滞回耗能谱的影响，然后研究不同爆破振动条件，如段药量、爆心距、微差间隔时间和段数对滞回耗能谱的影响规律，本章的研究将为多因素爆破振动灾害评价指标的建立以及爆破振动灾害的主动控制提供理论基础。

3.2 滞回耗能谱的计算

3.2.1 滞回耗能谱的概念

当结构为弹性体系时，F_s 表示结构的弹性恢复力，则 $k(t)$ 仅仅是时间的函数且为常数；当结构为弹塑性体系时，F_s 则表示弹塑性结构的恢复力，结构在弹性阶段时，$k(t)$ 也仅仅是时间的函数，但结构进入了非弹性变形阶段，$k(t)$ 就随结构位移改变而改变。因此，在弹塑性结构下消除质量的影响可以变形为：

$$\ddot{U}(t) + 2\xi\omega\dot{U}(t) + p\omega^2U(t) = -\ddot{U}_g(t) \tag{3-1}$$

式中，p 为刚度比，在弹性阶段 $p=1$，进入塑性阶段屈服后 $p=k_i/k$；k 为初始弹性刚度，k_i 为屈服后刚度。

对式（3-1）两端各项同乘微分 $dU(t)$，并在 $(0, t)$ 时程内的质点相对位移积分，即可得到结构的相对能量反应。当地震结束后结构的动能 $E_K = 0$、弹性应变能 $E_E = 0$，对于弹性结构滞回耗能 $E_H = 0$，输入结构的能量为阻尼耗能耗散；而当结构进入非弹性变形阶段输入结构的能量主要取决于滞回耗能耗散。文献研究表明，弹塑性结构中弹性应变能占变形能的比例很小可以忽略，因此在爆破振动作用下对结构的滞回耗能谱研究中忽略弹性应变能的影响，将结构的变形能作为滞回耗能。由此以结构自振周期为横坐标，以相应自振周期对应的滞回耗能值为纵坐标得到的曲线即为结构的滞回耗能谱。

对弹塑性结构能量谱的求解，文献研究表明采用 Newmark-β 法，取 $\beta = 1/4$ 的增量形式在正、负刚度情况下算法无条件稳定，因此本书采用此方法进行计算，其增量形式为：

$$\Delta U = \frac{-\Delta\ddot{U}_g + \frac{1}{\beta\Delta t}\dot{U}_n + \frac{1}{2\beta}\ddot{U}_n + 4\xi\omega_0\left[\frac{1}{2\beta}\dot{U}_n + \left(\frac{1}{4\beta} - 1\right)\ddot{U}_n\Delta t\right]}{p\omega_0^2 + \xi\omega_0\frac{1}{\beta\Delta t} + \frac{1}{\beta\Delta t^2}} \tag{3-2}$$

$$\Delta\dot{U} = \frac{1}{2\beta\Delta t}\Delta U - \frac{1}{2\beta}\dot{U}_n - \left(\frac{1}{4\beta} - 1\right)\ddot{U}_n\Delta t \tag{3-3}$$

$$\Delta\ddot{U} = \frac{1}{\beta\Delta t^2}\Delta U - \frac{1}{\beta\Delta t}\dot{U}_n - \frac{1}{2\beta}\ddot{U}_n \tag{3-4}$$

3.2.2 结构的恢复力模型

恢复力是结构抵抗变形的能力。结构在反复载荷作用下的恢复力与非线性变形之间的关系曲线称为恢复力特性曲线，也称为滞回曲线。恢复力模型一般由骨架曲线、滞回特性和刚度退化规律三部分组成。实际结构的恢复力特性曲线比较复杂，为了便于研究爆破振动作用下结构非线性振动反应，很多学者对恢复力特性曲线进行了简化和抽象，建立了实用恢复力模型，常用的有双线型、三线型恢复力模型。文献研究表明：若结构进入非线性的程度不深，则退化现象不明显，此时结构的恢复力特性可采用双线型恢复力模型；若结构的非线性变形发展比较充分，会出现明显的开裂点及刚度退化的现象，此时结构的恢复力特性可采用三线型恢复力模型。文献研究表明，不同的恢复力模型适合于不同的结构，如双线型恢复力模型适合于钢结构、半退化三线型恢复力模型适合于砌体结构、退化三线型恢复力模型适合于钢筋混凝土结构。而文献研究表明，恢复力模型对滞回耗能的影响很小，有学者甚至认为恢复力模型对滞回耗能的影响可以忽略。因此本书采用在弹塑性动力分析中应用最为广泛也最为简单的双线型恢复力模型，研究爆破振动作用下结构的滞回耗能反应。

双线型恢复力模型见图 3-1，该恢复力模型正向和负向卸载刚度衰减相等，再次加载时，曲线走向随同卸载，刚度不变。

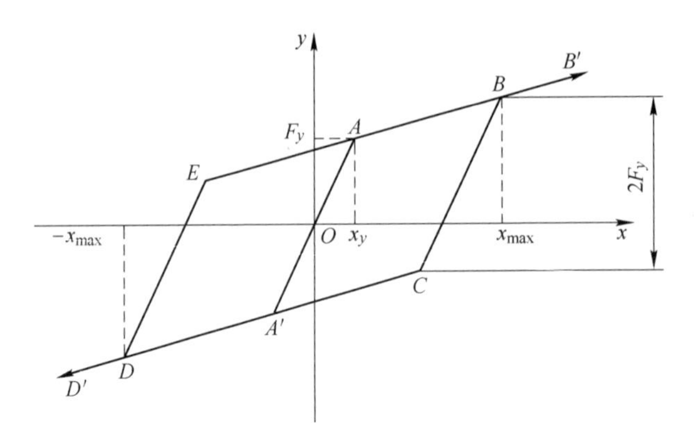

图 3-1　双线型恢复力模型

该恢复力模型由以下 5 种状态组成：

状态 1：初始弹性阶段（AOA'），当 $|x| \leqslant x_y$ 时，$k = k_1$；

状态 2：正向弹塑性阶段（AB），当 $x > x_y$ 时结构进入正向弹塑性阶段，此时 $k = k_2 = \beta k_1$，β 为屈服后的刚度折减系数；

状态 3：反向弹性阶段（BC），当 $x \leqslant x_{max}$ 且 $x \geqslant (x_{max} - 2x_y)$ 时为反向弹性阶段，通过 $\dot{x} = 0$ 确定 x_{max}，此时 $k = k_1$；当 $x > x_{max}$ 时进入正向弹塑性阶段 ABB'，此时 $k = k_2 = \beta k_1$；

状态 4：负向弹塑性阶段（CD），当 $x < (x_{max} - 2x_y)$ 时进入负向弹塑性阶段，此时 $k = k_2 = \beta k_1$；

状态 5：正向弹性阶段（DE），当 $-x_{max} \leqslant x \leqslant (-x_{max} + 2x_y)$ 时为正向弹性阶段，此时 $k = k_1$；当 $x < -x_{max}$ 时进入负向弹塑性阶段 CDD'，此时 $k = k_2 = \beta k_1$。

3.2.3　拐点的处理

由图 3-1 可见，折线型恢复力模型在前后两段直线斜率不同（刚度不同）处存在转折点，称为恢复力模型拐点。对结构非线性反应进行逐步积分计算时，假定积分时间步长内结构刚度为常数，但由于时间步长的分段点通常不会恰好与恢复力模型拐点一致，将导致同一时间步长内结构刚度为变数情况，因此需要对拐点进行处理，以防止出现累积误差影响算法的稳定性。

拐点分为三类：由弹性阶段转到弹塑性阶段，出现第一类拐点，如图 3-1 中的点 $A(A')$、C、E；由弹塑性阶段卸载转换到弹性阶段，出现第二类拐点，如

图 3-1 中的点 B、D；由正向加卸载阶段转换到负向加卸载阶段，出现第三类拐点。第一类和第三类拐点的判别依据是以位移为基础的，而第二类拐点的判别依据是以速度的变化为基础的。

对拐点的处理，目前最常用的方法是以拐点为分界点，将包含拐点的时间步长分成两个小步长 Δt_1 和 $\Delta t - \Delta t_1$，在时间步长 Δt_1 内采用刚度 k_i，在时间步长 $\Delta t - \Delta t_1$ 内采用刚度 k_j，以后计算若不出现拐点，则仍采用正常时间步长 Δt。

本书根据文献拐点精确处理思想，针对 SDOF 单位质量结构，由 Newmark-β 的定义以及拐点处的物理意义可得：

$$\begin{cases} U_s - U_1 = \dot{U}_1 \Delta t_1 + (0.5 - \beta)\ddot{U}_1 \Delta t_1^2 + U_s \Delta t_1^2 \\ \dot{U}_s - \dot{U}_1 = 0.5\ddot{U}_1 \Delta t_1 + 0.5\ddot{U}_s \Delta t_1 \\ \ddot{U}_s - \ddot{U}_1 + 2\xi\omega_0(\dot{U}_s - \dot{U}_1) + \omega_0^2(U_s - U_1) = -(\ddot{U}_{gs} - \ddot{U}_{g1})\Delta t_1/\Delta t \end{cases} \tag{3-5}$$

式中，U_s、$\dot{U}_s$、$\ddot{U}_s$ 分别为拐点时刻的位移、速度和加速度；U_1、$\dot{U}_1$、$\ddot{U}_1$ 分别为初始时刻的位移、速度和加速度；$\ddot{U}_{gs}$、$\ddot{U}_{g1}$ 分别为拐点时刻与初始时刻输入的加速度。

（1）第一和第三类拐点的处理。对于第一类和第三类拐点，可先求得对应拐点处的位移值 U_s，然后代入式（3-1），并求解得：

$$pa\Delta t_1^3 + pb\Delta t_1^2 + pc\Delta t_1 + pd = 0 \tag{3-6}$$

其中：

$$pa = 2\xi\omega_0(\beta/4 - 1)\ddot{U}_1 - (\ddot{U}_{gs} - \ddot{U}_{g1})/\Delta t$$

$$pb = \ddot{U}_1\beta/2 + \xi\omega_0\dot{U}_1/\beta - \omega_0^2(U_s - U_1)$$

$$pc = \dot{U}_1/\beta - \xi\omega_0^2(U_s - U_1)/\beta$$

$$pd = -(U_s - U_1)/\beta$$

由此可精确得到拐点出现的时间 Δt_1。

（2）第二类拐点的处理。对于第二类拐点，拐点处速度 $\dot{U}_s = 0$，代入式（3-1）可得：

$$pe\Delta t_1^3 + pf\Delta t_1^2 + pg\Delta t_1 + ph = 0 \tag{3-7}$$

其中：

$$pe = \omega_0^2\ddot{U}_1/2 - 2\beta\omega_0^2\ddot{U}_1$$

$$pf = \omega_0^2\dot{U}_1 - 2\beta\omega_0^2\dot{U}_1 + (\ddot{U}_{gs} - \ddot{U}_{g1})/\Delta t_1$$

$$pg = -2\ddot{U}_1 - 2\xi\omega_0\dot{U}_1$$

$$ph = -2\dot{U}_1$$

由此可精确得到拐点出现的时间 Δt_1。

3.3 爆破振动特性对滞回耗能谱的影响

为了分析爆破振动特性、结构参数以及不同条件下爆破地震波对滞回耗能谱的影响，首先以图 2-13 所示实测信号进行计算，说明滞回耗能谱的计算过程。将去噪后的加速度时程曲线（图 2-16），作为单位质量弹塑性 SDOF 结构动力计算的输入数据，选取结构的阻尼比 $\xi=0.05$、结构的固有周期 $T=0.1$s、双线型恢复力模型屈服强度系数为 0.3、屈服后的刚度折减系数为 0.02，利用式（3-2）~式（3-4）推导出的单位质量弹塑性 SDOF 结构 Newmark-β 法增量形式进行逐步积分计算，利用式（3-6）、式（3-7）进行拐点处理，得到结构在爆破振动作用下弹塑性反应的加速度、速度以及位移时程曲线，见图 3-2~图 3-4。计算得到结构的输入能、动能、变形能、阻尼耗能时程曲线以及不同形式能量占总输入能量的比例见图 3-5、图 3-6。由图 3-5、图 3-6 可见：(1) 结构输入能、阻尼耗能和滞回耗能反应是一个逐渐累计的过程，随着时间的推移反应逐渐增加，在爆破振动结束时，能量通常达到最大值。(2) 爆破振动作用下弹塑性 SDOF 结构能量主要由输入能、动能、变形能和阻尼耗能组成，动能和变形能中的弹性应变能随着持续时间的增加不断相互转化，随着爆破振动持续时间的增加逐渐趋近于零，在爆破振动反应结束后输入结构的能量全部以滞回耗能和阻尼耗能的形式进行消耗。(3) 随着爆破振动持续时间的增加滞回耗能和阻尼耗能所消耗输入能的比例也趋于稳定，且滞回耗能在输入能量的耗散中起主导作用。因此可认为随着结构进入非线性阶段的加强，爆破振动输入能将主要依靠滞回耗能来耗散，表明滞回耗能是最具有工程意义的能量反应指标，可以用来评估结构在爆破振动作用下的塑性累积损伤程度。将图 2-13 所示实测信号在弹性、弹塑性反应中输入能比较于图 3-7。由图 3-7 可见，爆破振动作用下弹塑性输入能与弹性输入能存在差异，这与学者们对相同地震波作用下弹性、弹塑性输入能的对比研究成果相符。

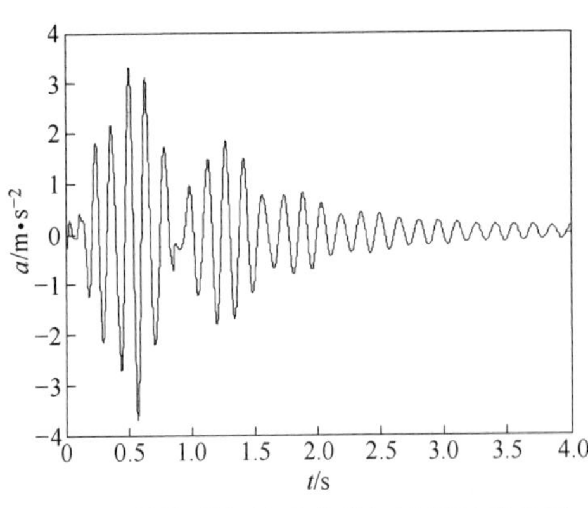

图 3-2　结构弹塑性反应的加速度时程曲线

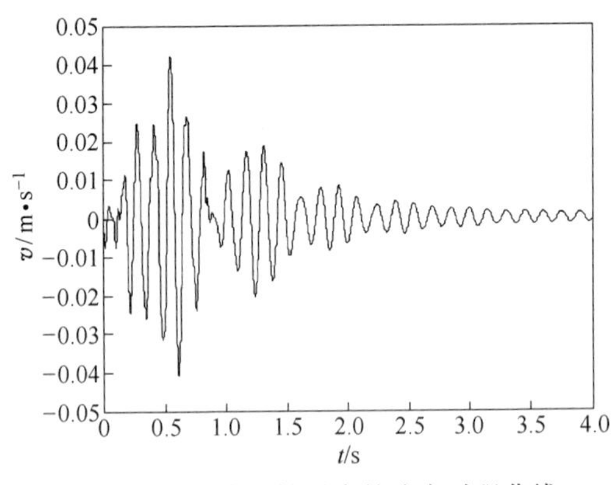

图 3-3　结构弹塑性反应的速度时程曲线

图 2-13 所示实测信号在结构阻尼比为 0.05、结构固有周期为 0.1s、双线型恢复力模型屈服强度系数为 0.3、屈服后刚度折减系数为 0.02 情况下的滞回耗能时程曲线见图 3-8。因此改变结构的固有周期从 0s 到 1s，步长为 0.01s，计算

不同固有周期的结构在爆破振动作用下的滞回耗能，并以结构的固有周期为横坐标、不同固有周期的滞回耗能为纵坐标，这样就得到了弹塑性 SDOF 结构的滞回耗能谱，见图 3-9。

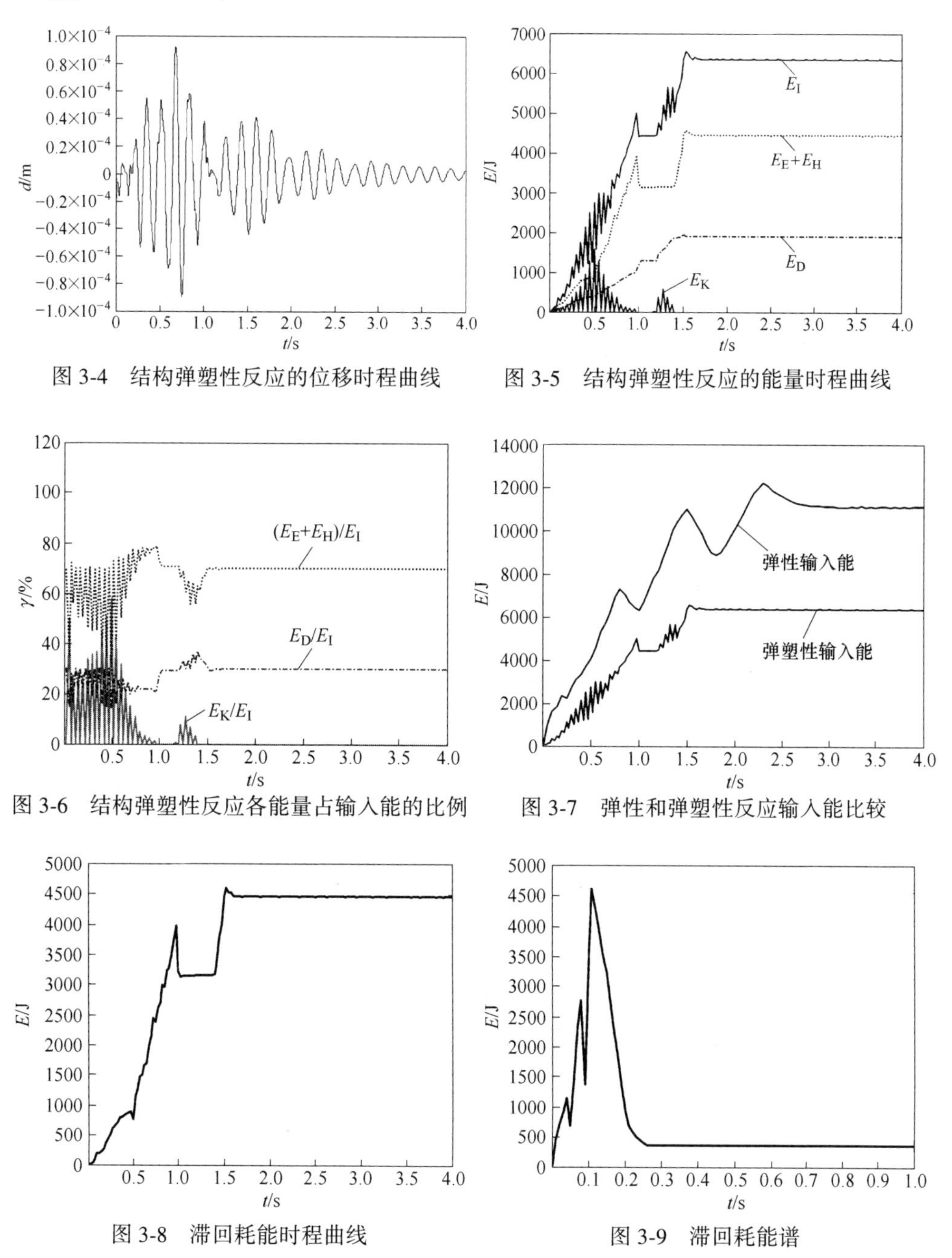

图 3-4 结构弹塑性反应的位移时程曲线

图 3-5 结构弹塑性反应的能量时程曲线

图 3-6 结构弹塑性反应各能量占输入能的比例

图 3-7 弹性和弹塑性反应输入能比较

图 3-8 滞回耗能时程曲线

图 3-9 滞回耗能谱

3.3.1　爆破振动峰值速度对滞回耗能谱的影响

为了分析爆破振动峰值对滞回耗能谱的影响，需排除频谱、持续时间、结构参数以及恢复力模型参数的影响。因此采用人工调整的峰值依次为 0.2m/s^2、0.5m/s^2、0.8m/s^{2}的加速度时程曲线，取结构的阻尼比为 0.05、双线型恢复力模型屈服强度系数为 0.3、屈服后的刚度折减系数为 0.02，经计算得到不同加速度峰值的滞回耗能谱，见图 3-10。由图 3-10 可见：(1) 爆破振动峰值速度对滞回耗能谱的形状几乎没有影响。(2) 爆破振动峰值速度对滞回耗能谱有着重要的影响，爆破振动峰值速度越大，滞回耗能谱的峰值也越大，且滞回耗能谱峰值增大与峰值速度增大呈平方倍关系，这与弹性结构输入能量谱的规律相同。

因此可认为，无论是弹性、弹塑性结构随着地面输入的爆破振动速度峰值增大，输入到结构的能量增大，结构的耗能也随着增加，结构发生塑性损伤的程度也随之加深。

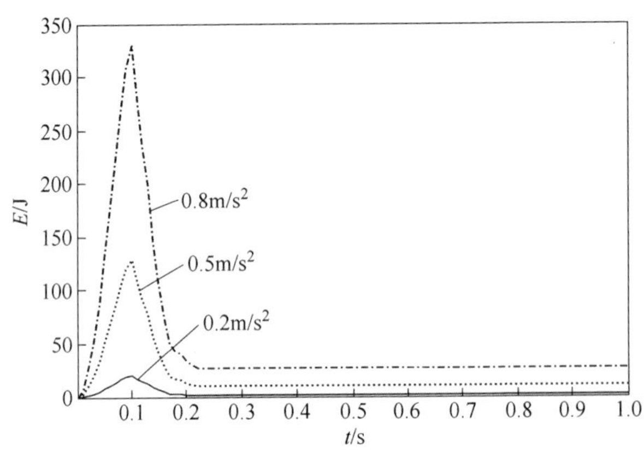

图 3-10　加速度峰值对滞回耗能谱的影响

3.3.2　爆破振动主频对滞回耗能谱的影响

为了分析爆破振动频谱对滞回耗能谱的影响，需排除峰值、持续时间、结构参数以及恢复力模型参数的影响。因此对图 2-11 中的加速度时程曲线进行人工调整，截取包含主频在内的 0.5s 持续时间范围的加速度时程曲线，峰值均调整为 1m/s^2，取结构的阻尼比为 0.05、双线型恢复力模型屈服强度系数为 0.3、屈服后的刚度折减系数为 0.02，经计算得到不同主频爆破地震波的滞回耗能谱，见图 3-11。由图 3-11 可见：(1) 频谱是影响滞回耗能谱形状的重要因素，滞回耗能谱的峰值一般出现在爆破地震波主频所对应的固有周期处，爆破地震波频域成分越复杂滞回耗能谱的突峰越多。(2) 爆破地震波的主频越小所对应的结构体的固有周期越大，其滞回耗能谱的峰值也越大，因此滞回耗能谱很好地反映了爆破地震波的主频越低越接近结构的固有频率，对结构的破坏作用越大。因而本分析从弹塑性能量反应的观点验证了在爆破施工过程中可通过提高爆破地震波主频来控制爆破振动危害的目的。

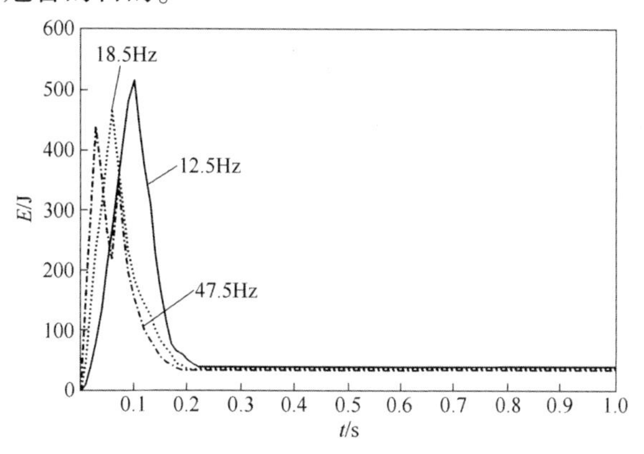

图 3-11 主频对滞回耗能谱的影响

3.3.3 爆破振动持续时间对滞回耗能谱的影响

为了分析爆破振动持续时间对滞回耗能谱的影响，需排除峰值、频谱、结构参数以及恢复力模型参数的影响。因此选取图 2-5a 所示加速度信号调整成 2 段信号，见图 2-6a，以同样的方法调整成 3 段信号，将加速度峰值统一调整为 1m/s^2，取结构的阻尼比为 0.05、双线型恢复力模型屈服强度系数为 0.3、屈服后的刚度折减系数为 0.02，经计算得到不同持续时间的滞回耗能谱，见图 3-12。由图 3-12 可见：（1）爆破地震波的持续时间对滞回耗能谱的形状几乎没有影响。（2）随着爆破地震波持续时间的增加滞回耗能谱峰值不断增大，且随着持续时间的不断增加滞回耗能谱峰值增大的程度有所加强。因此证明了，滞回耗能谱很好地体现了爆破振动持续时间对结构体非线性破坏的累积作用。

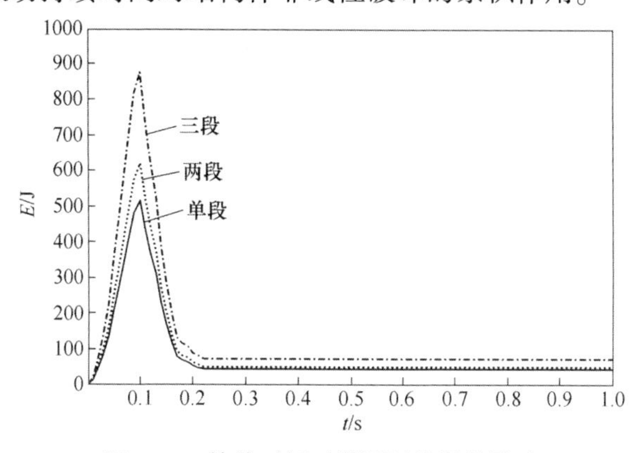

图 3-12 持续时间对滞回耗能谱的影响

由上述分析，滞回耗能谱能综合反映爆破振动三要素对结构的破坏作用，特别是能反映出爆破地震波持续时间对结构非线性累积损伤的影响，因此验证了以此作为指标对爆破振动效应研究的科学性。

3.4 结构参数及恢复力模型参数对滞回耗能谱的影响

3.4.1 结构的阻尼比对滞回耗能谱的影响

为了分析阻尼比对滞回能量谱的影响，需排除爆破振动特性以及恢复力模型参数的影响。因此选取图 2-5a 所示加速度信号，调整加速度峰值为 $1\mathrm{m/s^2}$，选取双线型恢复力模型屈服强度系数为 0. 3、屈服后的刚度折减系数为 0. 02，结构阻尼比分别为 0. 02、0. 05、0. 08，经计算得到不同阻尼比下爆破地震波的滞回耗能谱，见图 3-13。由图 3-13 可见：(1) 结构的阻尼比对滞回耗能谱的形状几乎没有影响。(2) 随着阻尼比的增加滞回耗能谱峰值不断降低，且滞回耗能谱峰值下降的比例与阻尼比增加的比例相当。由此可认为在弹塑性 SDOF 结构下结构的阻尼比越大，阻尼对输入结构的能量耗散也越大，结构滞回耗能耗散能量越小，结构所受的塑性累积损伤也就越小，因此在进行爆破施工时为了最大限度地降低爆破振动的危害可尝试采用耗能减振的加固处理方法。

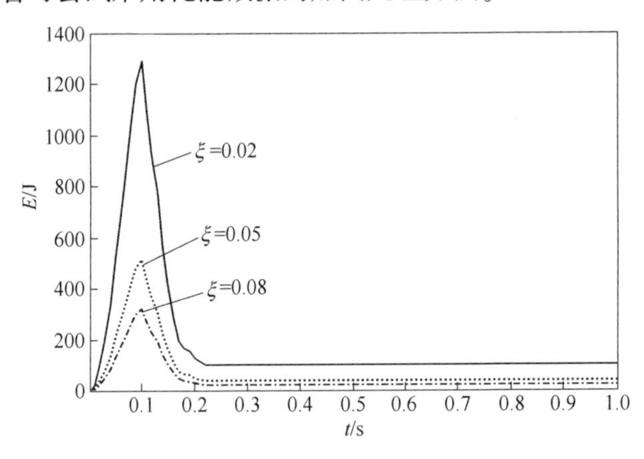

图 3-13 阻尼比对滞回耗能谱的影响

3.4.2 结构的自振周期对滞回耗能谱的影响

为了分析结构固有周期对滞回耗能的影响，需排除爆破振动特性、结构阻尼比以及恢复力模型参数的影响。因此选取图 3-17a 所示加速度信号，调整加速度峰值为 $1\mathrm{m/s^2}$，取结构的阻尼比为 0. 05、双线型恢复力模型屈服强度系数为 0. 3、屈服后的刚度折减系数为 0. 02，固有周期分别为 0. 04s、0. 08s 以及 0. 15s，经计算得到不同固有周期下爆破地震波的滞回耗能时程曲线，见图3-14。由图3-14可见：(1) 不同自振周期的滞回耗能时程曲线有所差别，一般自振周期小的结构体进入弹塑性状态的时间早，但差别不大。(2) 结构的自振周期对滞回耗能时程曲线影响较大，爆破地震波的主频与结构的自振频率越接近，越易产生共振现象，因此其滞回耗能值越大。

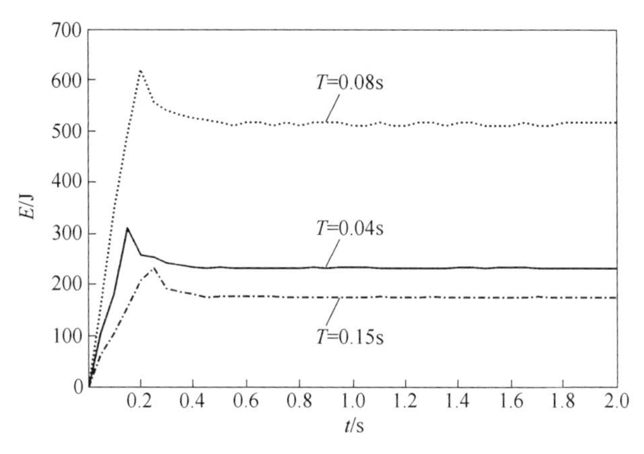

图3-14 固有周期对滞回耗能谱的影响

3.4.3 恢复力模型参数对滞回耗能谱的影响

本章分析选取的恢复力模型为应用最为广泛也最为简单的双线型恢复力模型，其中恢复力模型参数包括屈服强度系数与刚度折减系数。强度是指结构抵抗破坏的能力，刚度是指结构抵抗变形的能力。屈服强度系数是结构的屈服强度与弹性极限强度的比值，刚度折减系数是结构屈服前后或开裂前后刚度的比值。为了分析屈服强度系数对滞回耗能谱的影响，需排除爆破振动特性、结构阻尼比以及刚度折减系数的影响，因此选取图2-5a所示加速度信号，调整加速度峰值为$1\mathrm{m/s^2}$，取结构的阻尼比为0.05、双线型恢复力模型屈服后的刚度折减系数为0.02，屈服强度系数分别为0.15、0.25、0.3，经计算得到不同屈服强度系数下爆破地震波的滞回耗能谱，见图3-15。为了分析刚度折减系数对滞回耗能谱的影响，需排除爆破振动特性、结构阻尼比以及屈服强度系数的影响，因此选取图2-5a所示加速度信号，调整加速度峰值为$1\mathrm{m/s^2}$，取结构的阻尼比为0.05、双线型恢复力模型屈服后的屈服强度系数为0.3，刚度折减系数分别为0、0.02、0.05，经计算得到不同刚度折减系数下爆破地震波的滞回耗能谱，见图3-16。由图3-15、图3-16可见：(1) 屈服强度系数和刚度折减系数对滞回耗能谱的影响很小，本书的分析中屈服强度系数为0.15与屈服强度系数为0.3的滞回耗能谱峰值相差不到9%、刚度折减系数为0的理想弹塑性模型与刚度折减系数为0.5

的滞回耗能谱峰值相差不到5%。(2) 屈服强度系数与刚度折减系数对滞回耗能谱形状几乎没有影响。但屈服强度系数越大，结构抵抗破坏的能力越大，对应的滞回耗能谱峰值越小；刚度折减系数越大，结构抵抗变形的能力越强，其滞回耗能谱峰值也越小。

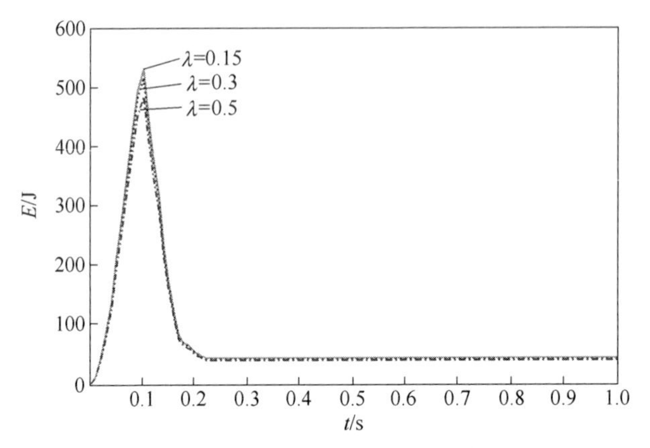

图 3-15　屈服强度系数对滞回耗能谱的影响

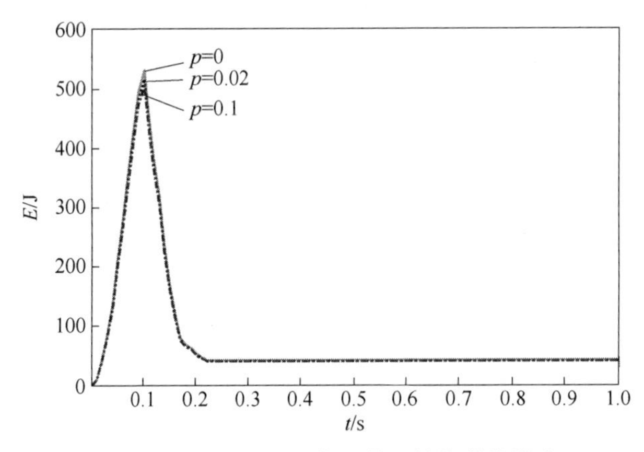

图 3-16　刚度折减系数对滞回耗能谱的影响

3.5　不同条件下爆破地震波对滞回耗能谱的影响

3.5.1　段药量对滞回耗能谱的影响

为了分析段药量对滞回耗能谱的影响，需排除爆心距、抵抗线、微差雷管段数、场地因素等条件的影响。根据实测试验数据，计算得到加速度信号，并经过EEMD低通去噪，获取准确而清晰的加速度时程曲线见图3-17，记实测爆破振动信号的s1、s2、s3、s4的加速度信号为a1、a2、a3、a4。将a1、a2、a3、a4作为滞回耗能谱计算的输入加速度，选取结构的阻尼比为0.05、双线型恢复力模型屈服强度系数为0.3、屈服后的刚度折减系数为0.02进行动力计算，经计算获得不同段药量下的滞回耗能谱见图3-18。由图3-17、图3-18可见：（1）随着段药量的增加爆破地震波的主频降低、峰值增大、爆破振动的持续时间增加。（2）随着段药量的增加滞回耗能谱的峰值增大且峰值对应的结构的固有周期增大，这对结构的安全显然不利。因此可以认为在弹塑性SDOF结构下段药量是影响滞回耗能的重要因素，对于爆破振动危害的控制应该以控制最大段药量为主。

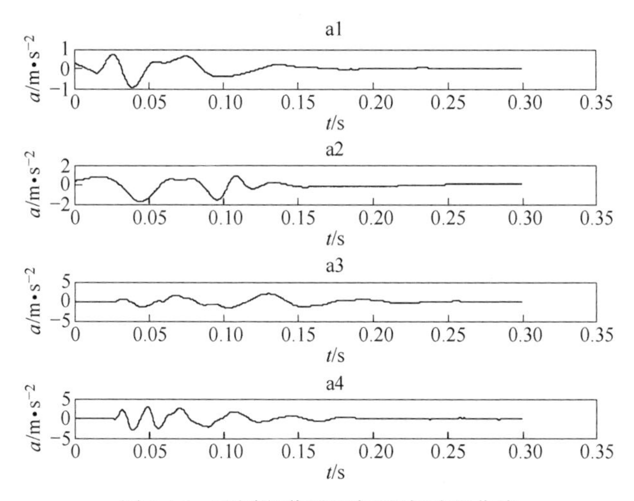

图3-17 不同段药量下加速度时程曲线

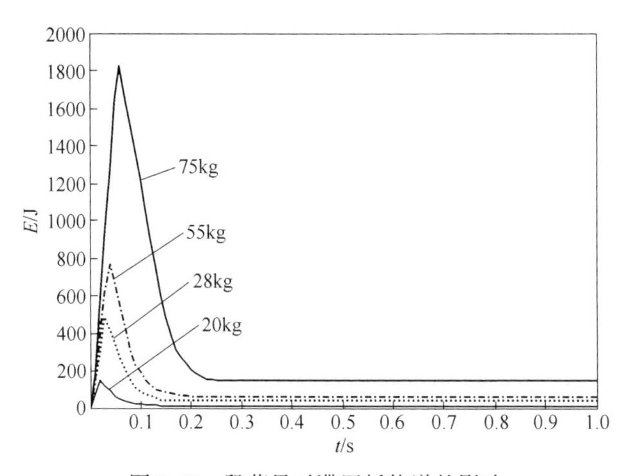

图3-18 段药量对滞回耗能谱的影响

3.5.2 爆心距对滞回耗能谱的影响

为了分析爆心距对滞回耗能谱的影响，需排除段药量、抵抗线、微差雷管段数、场地因素等条件的影响。根据实测试验数据，计算得到加速度信号，并经过EEMD低通去噪，获取准确而清晰的加速度时程曲线见图3-19，记实测爆破振动信号的s5、s6、s7、s8的加速度信号为a5、a6、a7、a8。将a5、a6、a7、a8作为滞回耗能谱计算的输入加速度，选取结构的阻尼比为0.05、双线型恢复力模型屈服强度系数为0.3、屈服后的刚度折减系数为0.02进行动力计算，经计算获得不同爆心距下的滞回耗能谱见图3-20。由图3-19、图3-20可见：(1) 随着爆心距的增加爆破地震波质点振动峰值振速下降、主频降低、爆破振动持续时间延长。(2) 随着爆心距的增加滞回耗能谱峰值对应结构的固有周期增大。(3) 随着爆心距的增加滞回耗能谱的峰值降低，但是当爆心距增加到一定值时，

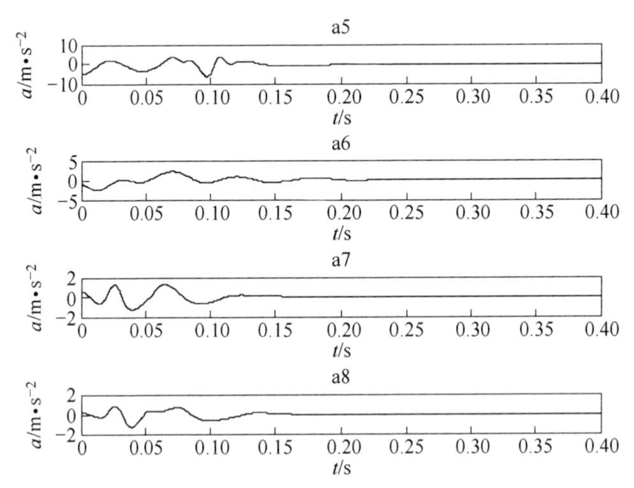

图3-19　不同爆心距下加速度时程曲线

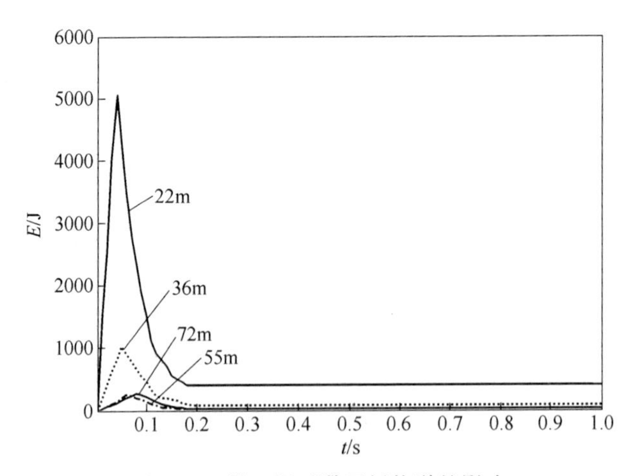

图3-20　爆心距对滞回耗能谱的影响

虽然振动强度下降，但是由于爆破地震波的主频降低及持续时间延长，导致滞回耗能谱峰值并未下降，存在爆心距远的测点较爆心距近的测点滞回耗能谱峰值大的情况。由此从滞回耗能的角度解释了爆心距近的结构没有发生破坏而爆心距远的结构发生破坏的现象。

3.5.3　微差间隔时间对滞回耗能谱的影响

为了分析微差间隔时间对滞回耗能谱的影响，需排除段药量、抵抗线、爆心距、场地因素等条件的影响。因此选取 2.3.3 节图 2-16 所示的实测试验数据，利用式（3-27）计算得到加速度信号，并经过 EEMD 低通去噪，获取准确而清晰的加速度时程曲线见图 3-21，记实测爆破振动信号的 s9、s10、s11、s12 的加速度信号为 a9、a10、a11、a12。将 a9、a10、a11、a12 作为滞回耗能谱计算的输入加速度，选取结构的阻尼比为 0.05、双线型恢复力模型屈服强度系数为 0.3、屈服后的刚度折减系数为 0.02 进行动力计算，经计算获得不同微差间隔下的滞回耗能谱见图 3-22。由图 3-21、图 3-22 可见，微差间隔时间对滞回耗能谱影响很大，主要表现在：（1）滞回耗能谱峰值从小到大依次为 42ms、65ms、25ms、100ms，如果考虑到塑性累积损伤引起爆区周边结构的破坏现象，那么在本次试验微差间隔时间中 42ms 的微差间隔时间为最佳的选择。（2）滞回耗能谱峰值对应的结构的固有周期也不同，微差间隔时间为 42ms、65ms 的滞回耗能谱峰值对应结构的固有周期为 0.05s，微差间隔时间为 25ms、100ms 的滞回耗能谱峰值对应的结构的固有周期为 0.06s，与结构的固有周期越接近其破坏性越大。

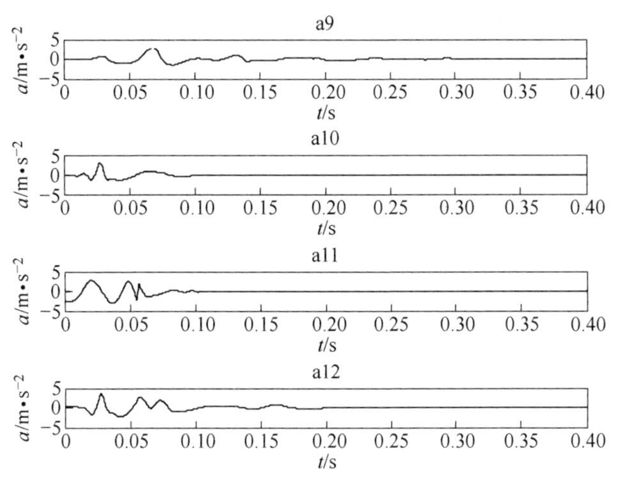

图 3-21　不同微差间隔时间下加速度时程曲线

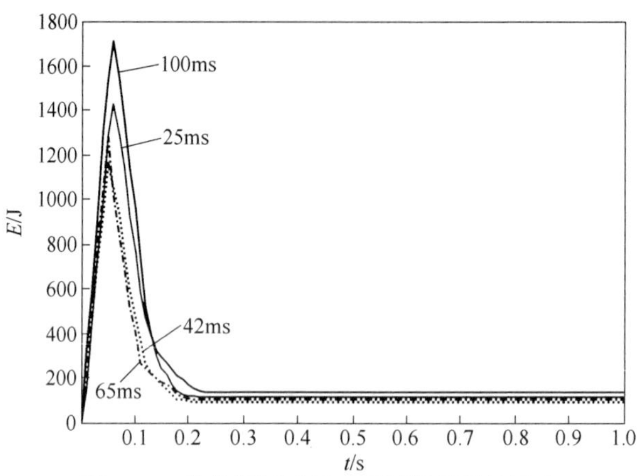

图 3-22　微差间隔时间对滞回耗能谱的影响

3.5.4　段数对滞回耗能谱的影响

为了分析段数对滞回耗能谱的影响，根据实测单段信号，分别选取 10ms、20ms、30ms、40ms 为微差间隔进行叠加，获取了 4 种微差间隔下不同段数的爆破振动信号。计算得到加速度信号，并经过 EEMD 低通去噪，获取准确而清晰的加速度时程曲线，其中单段信号的加速度时程曲线记为 a0，0；微差间隔时间为 10ms 时，2 段信号加速度时程曲线记为 a1，2；3 段信号加速度时程曲线记为 a1，3；…；微差间隔时间为 20ms 时，2 段信号的加速度时程曲线记为 a2，2；3 段信号加速度时程曲线记为 a2，3；…；以此类推微差间隔时间为 40ms 时，10 段爆破振动信号加速度时程曲线记为 a4，10。

微差间隔时间为 10ms 不同段数的加速度时程曲线见图 3-23，选取结构的阻尼比为 0. 05、双线型恢复力模型屈服强度系数为 0. 3、屈服后的刚度折减系数为 0. 02 进行动力计算，经计算获得微差间隔时间为 10ms 下不同段数的滞回耗能谱见图 3-24。同样，微差间隔时间为 20ms 不同段数的加速度时程曲线见图 3-25，

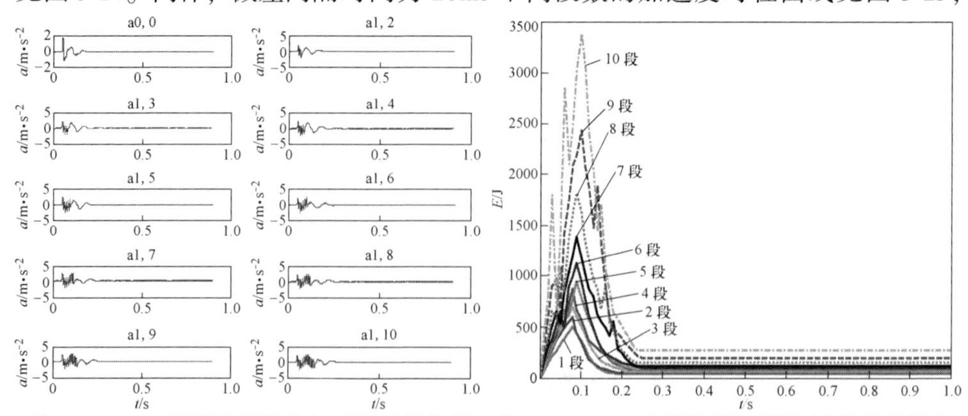

图 3-23　10ms 间隔各段数的加速度时程曲线　　图 3-24　10ms 间隔段数对滞回耗能谱的影响

所对应的滞回耗能谱见图 3-26；微差间隔时间为 30ms 不同段数的加速度时程曲线见图 3-27，所对应的滞回耗能谱见图 3-28；微差间隔时间为 40ms 不同段数的加速度时程曲线见图 3-29，所对应的滞回耗能谱见图 3-30。

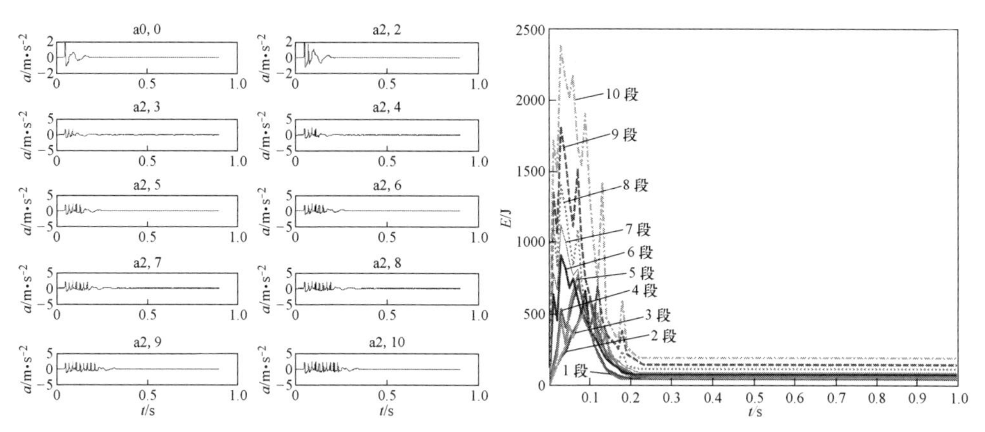

图 3-25 20ms 间隔各段数的加速度时程曲线　图 3-26 20ms 间隔段数对滞回耗能谱的影响

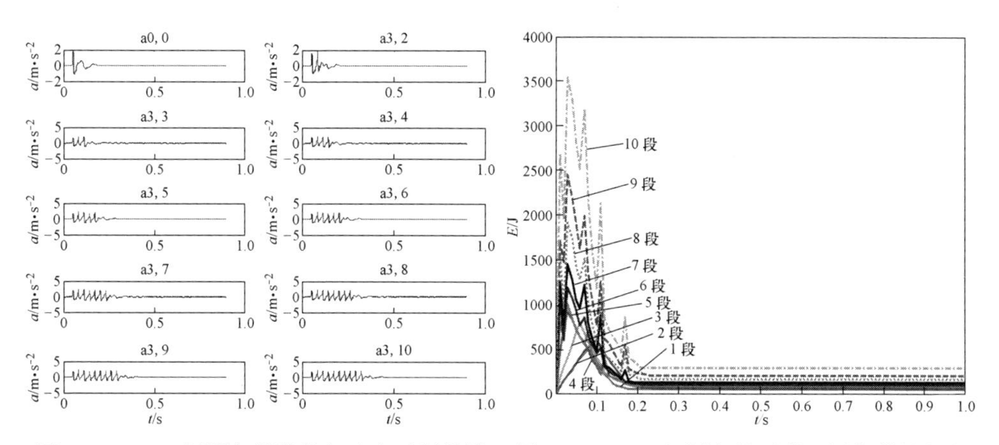

图 3-27 30ms 间隔各段数的加速度时程曲线　图 3-28 30ms 间隔段数对滞回耗能谱的影响

由图 3-23~图 3-30 可见：（1）段数对滞回耗能谱的峰值影响较大，随着段数的增加滞回耗能谱的峰值增大，且段数越多增大的趋势越明显，虽然随着段数的增加爆破地震波的质点振动速度峰值和主频都存在收敛性，但是随着段数的增加爆破地震波持续时间增长，从而引起结构塑性累积变形破坏的程度加深。（2）段数对滞回耗能谱的形状影响均较大，一般段数越少滞回耗能谱的形状越简单，段数越多爆破地震波的频域成分越复杂，导致滞回耗能谱的突峰越多，越不利于结构的安全。（3）相同段数不同微差间隔时间下的滞回耗能谱峰值也有差异，在本节分析所选取的微差间隔中质点振动速度峰值和主频随着段数的增加逐渐收敛，收敛后的质点振速峰值从大到小依次为 10ms、30ms、20ms、40ms，

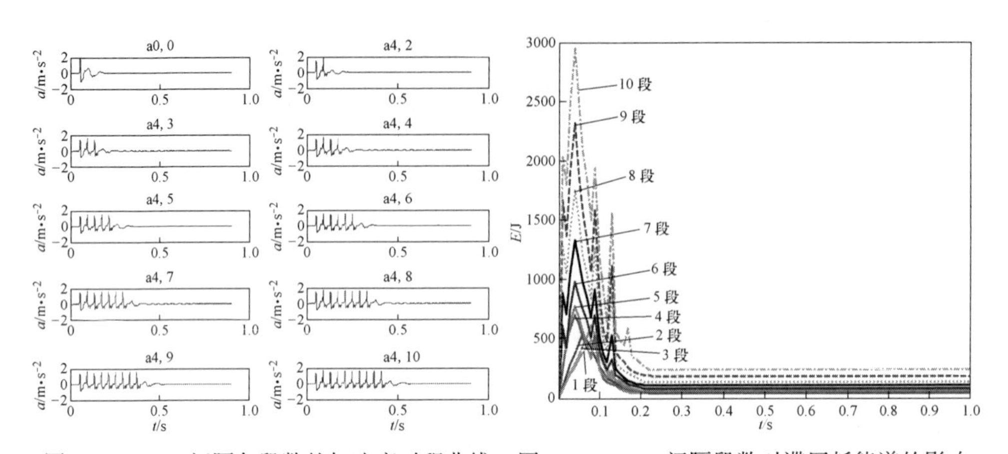

图 3-29　40ms 间隔各段数的加速度时程曲线　图 3-30　40ms 间隔段数对滞回耗能谱的影响

收敛后的爆破地震波主频从大到小依次为 20ms、30ms、40ms、10ms，而随着微差间隔时间的增加相同段数爆破地震波的持续时间延长，因此导致相同段数不同微差间隔时间的爆破地震波滞回耗能谱峰值以及峰值对应的结构的固有周期也有所不同，在本节的分析中滞回耗能谱峰值从大到小依次为 30ms、10ms、40ms、20ms。

因此滞回耗能谱很好地体现了爆破振动三要素与结构对爆破地震波响应的综合作用，在进行爆破振动危害效应控制时应考虑微差间隔时间、段数以及结构的响应等因素的综合作用。

3.6　小结

基于弹塑性动力学理论，利用 Newmark-β 时程分析方法与双线型恢复力模型对爆破振动作用下弹塑性 SDOF 结构进行了动力计算。本章以反映爆破振动作用下结构塑性累积损伤的滞回耗能为指标，研究了爆破振动三要素、结构参数以及恢复力模型对滞回耗能谱的影响，并对不同条件下爆破地震波对滞回耗能谱的影响规律进行了分析，本章的研究成果可全面揭示爆破振动作用下结构的弹塑性能量反应过程，解读了爆破振动作用下结构的塑性累积损伤破坏机理，为从能量的角度对多因素安全判据以及考虑到爆破振动累积损伤破坏进行爆破振动控制的研究奠定了基础。主要研究内容为：

（1）对爆破振动作用下弹塑性 SDOF 结构的能量反应机理进行分析，验证了滞回耗能可综合反映爆破振动特性与结构对爆破地震波的动态响应，是爆破振动作用下结构产生塑性累积损伤破坏的重要指标。

（2）滞回耗能谱的形状主要由爆破地震波的频谱特性决定，一般滞回耗能谱的峰值出现在爆破地震波主频所对应的结构固有频率处，爆破地震波的主频越低滞回耗能谱峰值对应的结构固有周期越大；爆破地震波的质点振动峰值是影响滞回耗能的重要因素，随着峰值的增大滞回耗能的增加几乎呈平方倍关系；滞回耗能谱很好地反映了爆破振动时间的累积效应。因此从滞回耗能的角度对爆破振动作用下结构的塑性累积损伤的研究有着重要的工程实用价值。

（3）随着阻尼比的增大结构的阻尼耗能增大，滞回耗能谱峰值降低，且滞回耗能谱峰值下降的比例与阻尼比增加的比例相当。爆破地震波的卓越周期与结构的自振周期越接近滞回耗能谱峰值越大，因此从能量的角度再次验证了结构对爆破地震波的选择放大作用。在本章分析中所选取的双线型恢复力模型参数对滞回耗能谱影响不大，因此在实际的爆破振动效应研究中可忽略恢复力模型参数的影响。

（4）不同条件对爆破地震波的质点振动速度峰值、频谱、持续时间都有影响，从而导致爆破地震波的能量在不同频带上的分布发生变化，因此对爆破振动作用下结构的能量输入、转化和耗散必然产生影响。如随着段药量的增加滞回耗能谱的峰值增大，且峰值对应的结构固有周期增大；随着爆心距的增加滞回耗能谱峰值对应的结构固有周期增加，滞回耗能谱的峰值下降，但是存在爆心距远的测点较爆心距近的测点滞回耗能谱峰值大的情况；微差间隔时间和段数也是影响滞回耗能谱的重要因素，段数越多滞回耗能谱峰值增大的趋势越明显，因此从塑性累积损伤的角度再次论证，不能为了追求生产效率而无限分段。

（5）由于滞回耗能谱能很好地体现爆破振动三要素与结构对爆破地震波响应的综合作用，特别是能反映爆破振动持续时间在结构非线性累积损伤破坏中的重要作用，因此是进行爆破振动危害效应评估和控制的重要技术指标。

4　爆破振动危害效应的评判标准及其应用

4.1　引言

爆破振动作用下结构破坏主要有首次超越破坏和塑性累积破坏两种形式，这两种破坏形式都是爆破振动特性与结构动态响应共同作用的结果。爆破振动作用下结构的响应实质上是能量输入、转化和耗散的过程，当输入结构的能量小于结构的耗能能力时，结构是安全的。前文分析可知，滞回耗能是反映结构塑性累积损伤的重要指标，因此可利用此指标对结构在爆破振动作用下产生的塑性累积破坏进行评估。对速度脉冲型的地震研究表明，输入结构的最大瞬时能量处于速度脉冲位置，易使结构发生最大位移首次超越破坏；结构的瞬时输入能量与结构的最大位移反应密切相关，是反映地震作用下结构发生首次超越破坏的重要指标，因此可用瞬时能量对结构在爆破振动作用下产生的首次超越破坏进行评估。有学者利用实测的地面运动时程曲线计算瞬时能量、总能量研究爆破振动效应，取得了大量的研究成果，推动了多因素安全判据的发展。但是上述文献都没有考虑结构对地面输入能量的反应过程，因此还有待于进一步的探索和完善。由于最大瞬时输入能量不能反映出地面运动持续时间对结构非线性塑性变形的累积效应，而滞回耗能又很难反映出速度脉冲型地震对结构造成的首次超越破坏，因此在地震工程领域进行抗震设计常采用双因素破坏准则。震害调查表明，爆破振动与天然地震对结构的破坏机理有很大的相似性，基于此对于爆破振动灾害的评价采取双因素准则，将具有科学性和全面性。

本章从能量的观点对中深孔台阶爆破振动效应评价与控制进行研究。首先，尝试采用最大瞬时输入能量与滞回耗能作为双因素准则对爆破振动作用下结构的破坏进行评估，并结合实际工程验证该双因素准则判据的有效性。然后，研究此双因素准则对于爆破振动控制的指导意义，利用此准则结合高精度数码雷管进行降振最佳微差间隔时间的选择，并在实际爆破施工过程中对该方法进行检验。

4.2　基于双因素准则的爆破振动危害评判

4.2.1　瞬时输入能量

4.2.1.1　瞬时输入能量定义

结构能量反应中连续两个速度零点之间的输入能量称为瞬时输入能量 ΔE，由于两点之间的速度为零，则动能增量为零，则有：

$$\int_{t}^{t+\Delta t} c\,(\dot{U}(t))^2 \mathrm{d}t + \int_{t}^{t+\Delta t} F(U(t))\dot{U}(t)\mathrm{d}t = \int_{t}^{t+\Delta t} -m\ddot{U}_{\mathrm{g}}(t)\dot{U}(t)\mathrm{d}t \tag{4-1}$$

即

$$\Delta E_{\mathrm{D}} + \Delta E_{\mathrm{H}} + \Delta E_{\mathrm{E}} = \Delta E_{\mathrm{I}} \tag{4-2}$$

式中，时间间隔 Δt 是指结构经历半次振动循环所需的时间，由于爆破地震波具有非平稳随机特性，因此 Δt 是一个变化值。由式（4-2）可见，瞬时输入能量的意义更加明确，瞬时输入能量等于体系的阻尼耗能与应变能之和。ΔE_{I} 即输入到结构中的能量脉冲，在结构能量反应过程中最大瞬时输入能量 ΔE_{Imax} 必然引起较大的位移增量，使得结构在吸收 ΔE_{Imax} 之后有可能达到位移反应的最大值。有学者研究表明，瞬时输入能量对结构的最大位移起决定作用。有学者认为，弹性系统最大瞬时输入能量与位移有很好的对应关系。也有学者认为非弹性系统 ΔE_{Imax} 与结构最大位移反应的对应关系受滞回环数量以及恢复力零点偏移的影响，但是在结构的短周期内 ΔE_{Imax} 与结构最大位移反应仍存在很好的对应性。由于爆破地震波的主频较天然地震高，结构对爆破地震波的响应主要发生在短周期范围内，因此本书利用双线型恢复力模型求解结构在弹塑性反应下的最大瞬时输入能量，以准确地反映结构在爆破地震波作用下发生的最大位移首次超越破坏。

4.2.1.2 瞬时输入能量的计算

有学者通过 HHT 变换对实测的爆破地震波速度时程曲线求的瞬时输入能量谱，得到爆破地震波的瞬时输入能量，并以此为指标对爆破振动的危害效益进行评价，为爆破振动效应的评价与控制提供了新的方法，推动了爆破振动效应的研究。然而对天然地震波瞬时输入能量的求解表明，时域信号瞬时输入能量低的时刻，可能正是结构位移瞬时输入能量最大的时刻，因此可以认为对于瞬时输入能量的计算应结合结构对爆破地震波的反应综合考虑。

下面以图 2-13 所示的实测信号为例，来说明瞬时输入能量的计算过程。首先将实测信号直接微分获取加速度时程曲线，并利用 EEMD 分解进行低通去噪处理，获取准确而清晰的加速度时程曲线，见图 2-16；然后将去噪后的加速度时程曲线作为单位质量弹塑性 SDOF 体系动力计算的输入数据，选取结构的阻尼比为 0.05、结构的固有周期为 0.1s、双线型恢复力模型屈服强度系数为 0.3、屈服后的刚度折减系数为 0.02，获取结构弹塑性反应的能量时程曲线，见图 3-7；最后根据瞬时输入能量的定义，选取图 2-13 所示速度时程曲线中速度零点的时刻值，将两相邻速度零点时刻对应能量时程曲线中输入能 E_{I} 数值取差值，即得到了瞬时输入能量时程曲线，见图 4-1。取瞬时输入能量时程曲线的最大值，即得到最大瞬时输入能量。

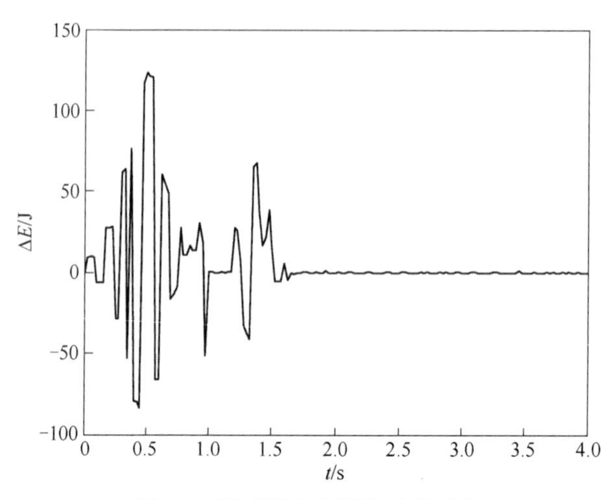

图 4-1　瞬时输入能量的时程反应

由图 4-1 可见，瞬时输入能量在很短的时间内作用于结构，而图 3-7 中结构阻尼对于输入能量的耗散是随时间延长存在累积过程的，因此当输入结构的瞬时能量足够大，并在阻尼还没有发挥作用之前，结构在短时间内会产生较大的变形而使结构发生破坏。由此可以认为，爆破地震波作用下最大瞬时输入能量对结构的破坏，特别是爆心距小的情况下起着重要的作用。由最大瞬时输入能量的定义以及求解过程可知，影响最大瞬时输入能量的主要因素为爆破地震波的质点振动峰值、主频，结构的自振周期与阻尼比，而爆破地震波的持续时间对最大瞬时输入能量没有影响，因此最大瞬时输入能量无法体现爆破地震波对结构破坏的累积效应。

4.2.2　爆破振动危害评判的双因素准则

由于最大瞬时输入能量能反映爆破地震波作用下结构的首次超越破坏，滞回耗能是反映结构塑性累积损伤的重要指标，因此本书分析中以最大瞬时输入能量与滞回耗能作为爆破振动作用下结构破坏评价的双因素准则。

由上述分析可知，影响最大瞬时输入能量与滞回耗能的结构参数主要为自振周期与阻尼比。结构的阻尼比影响因素较多，只能根据试验进行确定，试验方法也比较复杂。在结构动力计算时常取结构的阻尼比为定值，对于实际的建筑结构阻尼比一般为 0.02~0.05，有研究表明对爆破地震波进行动力计算时取结构的阻尼比为 0.05，因此本书在爆破振动灾害评价计算时选取结构的阻尼比为 0.05。结构自振周期的确定有理论计算和经验公式两种方法，在工程应用中一般采取经验公式计算结构的自振周期。结构的类型不同，自振周期的计算公式也不同，目前主要有如下几种经验公式：

（1）框架结构。根据多幢高度低于30m，有较多填充墙的框架结构办公楼、旅馆等房屋的实测结果统计回归，一般场地下其基本自振周期为：

$$T_0 = 0.22 + \frac{0.035H}{\sqrt[3]{B}} \tag{4-3}$$

（2）剪力墙结构。根据数十幢高度低于50m的规则抗震结构的实测结果统计回归，一般场地下其基本自振周期为：

$$T_0 = 0.04 + \frac{0.038H}{\sqrt[3]{B}} \tag{4-4}$$

（3）框架-剪力墙结构。根据近百幢高度低于50m的框架-剪力墙结构实测结果统计回归，一般场地下其基本自振周期为：

$$T_0 = 0.33 + \frac{0.00069H^2}{\sqrt[3]{B}} \tag{4-5}$$

（4）砖石结构。根据中国科学院工程力学研究所按等截面悬臂梁的推导以及多层砖石结构动力特性的测定，自振周期与结构高度关系最为密切。一般场地下其自振周期为：

$$T_0 = 0.0168(H + 1.2) \tag{4-6}$$

式（4-3）~式（4-6）中，H 为结构的高度，m；B 为结构的宽度，m。

4.3 爆破振动灾害评价指标的应用

4.3.1 工程实例分析（一）

遵义东联二号路（东城大道至礼仪坝段）道路工程（K4+760~K5+220段山体土石方工程）位于遵义东城大道至礼仪坝段，工程土石方平场约150万立方米，土石方平场主要开挖方量施工区位于东联二号路K4+780~K5+140。南北长360m，东西宽240m。山体（即1号山和2号山）最大高程935 m，开挖最大高度为70 m。待爆山体主要为灰岩，致密、坚硬，属坚硬岩类，中、微风化。场地地震基本烈度为小于6度区，断裂构造不发育，区域地块稳定性好。爆区周边环境示意图见图4-2、图4-3。

遵义新火车站站前广场位于遵义市红花岗区长征镇新民村，整个工程土石方平场800万立方米，平场施工区南北长600m，东西宽550m。主要开挖方量在征地范围内一座山体上，山体最大高程913.8m，开挖高差47m。场区以残坡积黄色、褐黄色粉质黏土和黏土为主，多呈可塑状，第二层为茅口组灰岩，中-厚层状，夹燧石条带及团块，中-微风化。岩层产状与构造线一致，走向北西，倾向北东，倾角20°~30°，场地以切方为主，基础持力层主要为茅口组灰岩，致密、坚硬，属坚硬岩类，灰岩承载力特征值3000~4000kPa。场地地震基本烈度为小

图 4-2　1 号山周边环境示意图

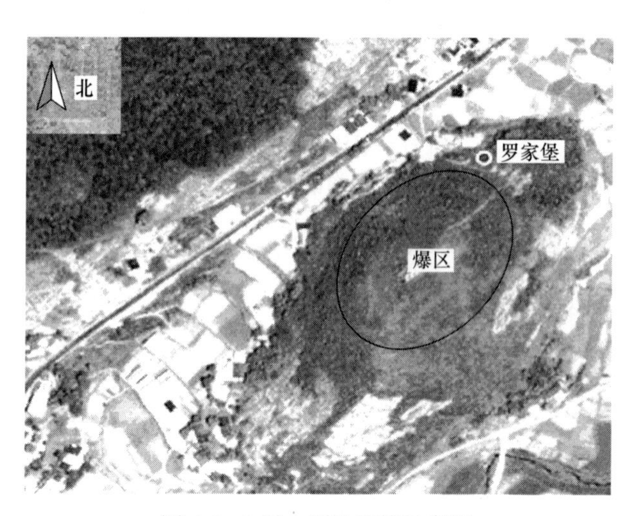

图 4-3　2 号山周边环境示意图

于 6 度区，断裂构造不发育，区域地块稳定性好。爆区周边环境示意图见图 4-4。

遵义市 5 号还房小区平场工程位于新蒲新区龙礼路和东城大道的交汇处，爆破工程总量约 220 万立方米，平场施工区域南北长约 350m，东西宽约 300m，最大开挖高差约 50m，平场后将形成两个平台。该待爆山体表面植被茂密，靠东城大道一侧山体已被开挖一部分，形成约 40m 高的陡壁，除已开挖部分外坡度在 30°～60°，爆区岩石为薄至中厚层灰岩，微风化，陡倾斜产出，走向北东，节理发育，泥质充填，局部风化严重有岩溶，从地表延伸数十米。断裂构造不发育，区域地块稳定性好。经现场多次踏勘，整个爆破开挖山体岩石普氏坚固系数 f 为 6～10。爆区周边环境示意图见图 4-5。

图 4-4 站前广场周边环境示意图

图 4-5 5 号还房小区周边环境示意图

山体开挖台阶高度均为 8m。钻孔设备采用 351 潜孔钻与液压钻相结合，孔径有 90mm、115mm 与 140mm 三种。采用梅花形布孔，塑料导爆管传爆。孔内 10 段延时，孔间每 2~3 个孔用 3 段雷管进行小微差，排间 5 段雷管大微差。炸药采用多孔粒铵油炸药与混装乳化炸药两种，一次爆破总药量不超过 12t，最大段单响药量约为 160kg。

由图 4-2~图 4-5 可见，在各爆破区周边均有民宅分布。该地区民宅一般为砖混结构的 2 层楼房。楼板采用预制板结构，基本无圈梁，房屋的整体抗震性能较差。该爆破区域周边部分民宅不属于征地范围，而征地范围内在爆破施工期间仍有部分民宅使用，因此需对生产爆破引起的振动效应进行评估与控制。

在生产爆破过程中，为了评估爆破振动是否对民宅造成破坏，进行了大量监测。为了验证基于最大瞬时输入能量与滞回耗能双因素准则判据的科学性与合理性，对每个施工区域选取 5 组民宅基础处的实测数据，实测数据见图 4-6，所测民房的基本参数以及爆前状态见表 4-1，测试结果见表 4-2。

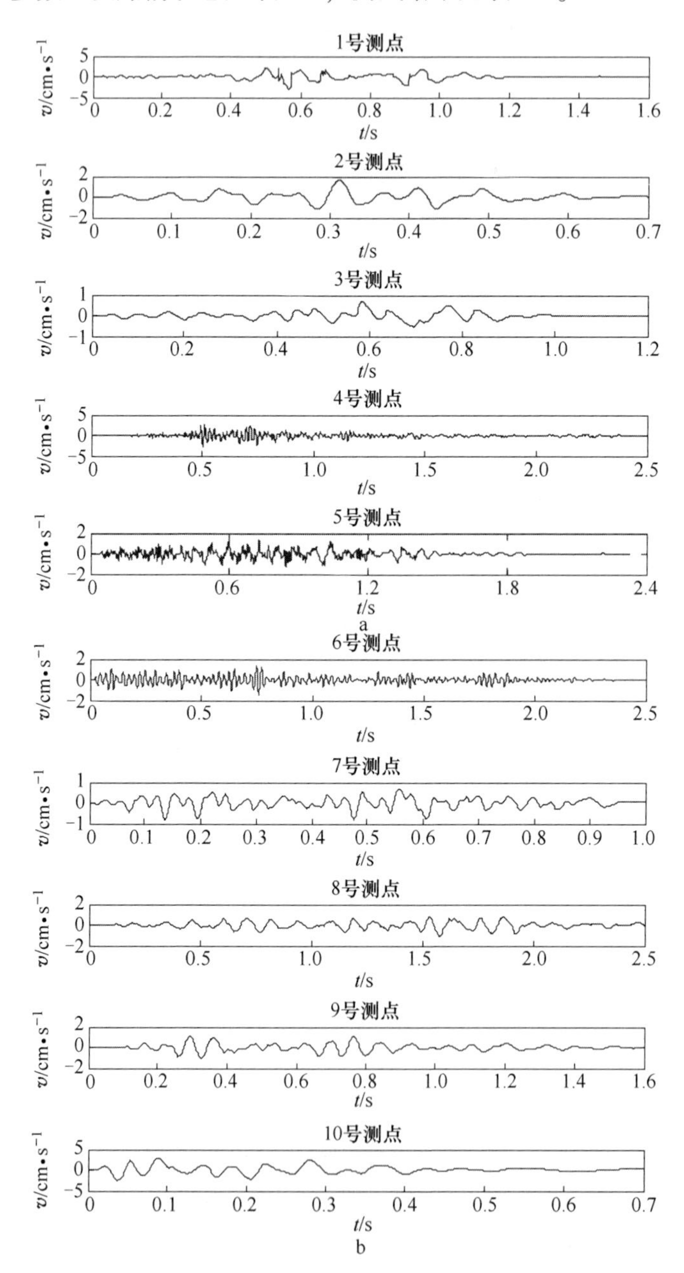

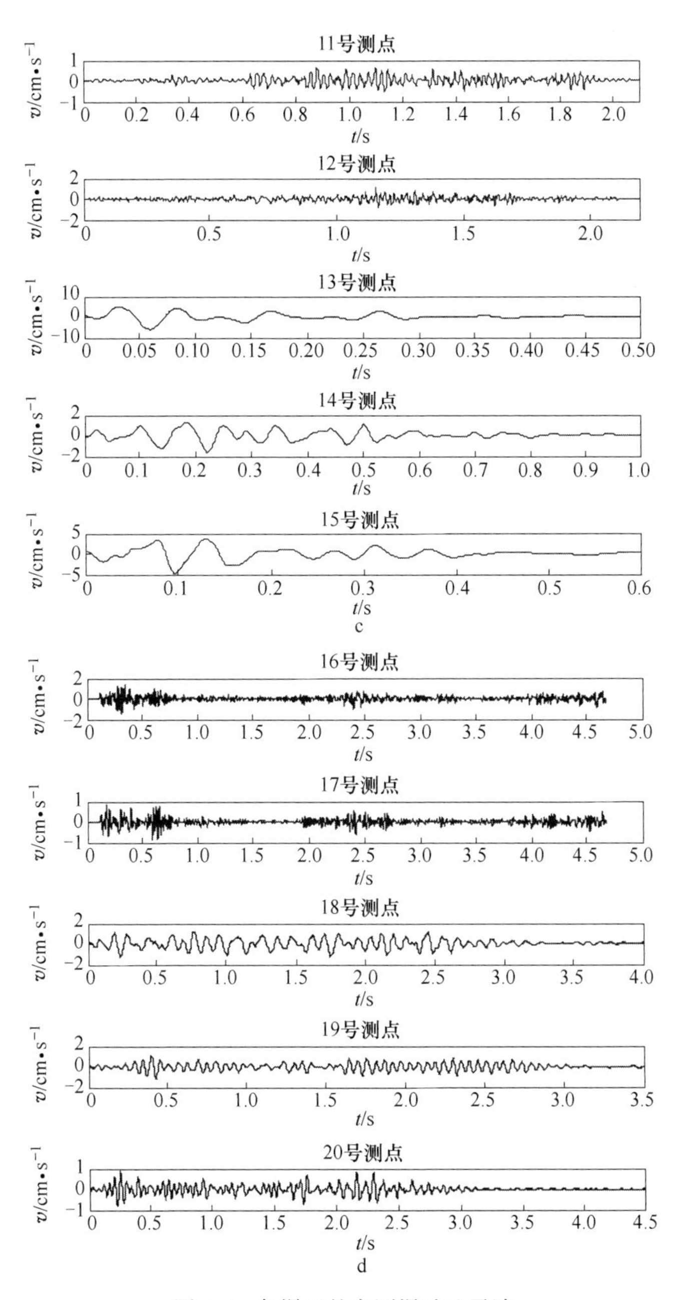

图 4-6 各爆区的实测爆破地震波

a—1 号山；b—2 号山；c—站前广场；d—5 号还房小区

表 4-1　所测房屋的基本参数

爆区	测点	民房编号	民房结构	民房高度/m	爆前状况
1号山	1 号	A	砖混	7.3	完好无损
	2 号	B	砖混	7.5	完好无损
	3 号	C	砖混	7.1	完好无损
	4 号	D	砖混	7.3	完好无损
	5 号	E	砖混	7.0	完好无损
2号山	6 号	F	砖混	7.1	完好无损
	7 号	G	砖混	7.4	完好无损
	8 号	H	砖混	7.8	完好无损
	9 号	I	砖混	7.6	完好无损
	10 号	J	砖混	7.6	完好无损
站前广场	11 号	K	砖混	12.5	完好无损
	12 号	L	砖混	7.2	完好无损
	13 号	M	砖混	7.3	完好无损
	14 号	N	砖混	7.5	完好无损
	15 号	O	砖混	7.5	完好无损
5号还房小区	16 号	P	砖混	7.4	完好无损
	17 号	Q	砖混	7.7	墙体细微裂缝
	18 号	R	砖混	11.4	完好无损
	19 号	S	砖混	7.2	墙体细微裂缝
	20 号	T	砖混	7.0	完好无损

表 4-2　测试结果报表

爆区	测点	最大段药量/kg	爆心距/m	质点振动速度峰值/$cm \cdot s^{-1}$	振动主频/Hz	持续时间/s
1号山	1 号	120	55.12	3.035	29.608	1.6
	2 号	85	83.44	1.693	11.576	0.7
	3 号	140	273.87	0.702	24.691	1.2
	4 号	160	64.32	2.839	27.454	2.5
	5 号	110	88.53	1.427	21.277	2.2
2号山	6 号	60	91.65	1.510	21.677	2.5
	7 号	80	152.39	0.827	9.412	1.0
	8 号	60	98.11	1.164	13.519	2.5
	9 号	110	103.25	1.137	31.250	1.6
	10 号	140	96.38	2.731	9.519	0.7

续表 4-2

爆区	测点	最大段药量 /kg	爆心距 /m	质点振动速度峰值 /cm·s⁻¹	振动主频 /Hz	持续时间 /s
站前广场	11 号	120	162.84	0.608	8.333	2.1
	12 号	110	103.96	1.126	17.478	2.2
	13 号	60	10.16	5.916	48.868	0.5
	14 号	132	124.48	1.619	14.286	1.0
	15 号	144	26.12	4.801	41.544	0.6
5号还房小区	16 号	148	120.49	1.423	9.957	4.7
	17 号	120	113.11	0.905	10.659	4.8
	18 号	115	101.26	1.221	14.804	3.8
	19 号	135	113.45	1.092	9.241	3.4
	20 号	144	166.49	0.874	12.868	4.3

在所选的实测数据中，1 号、4 号、13 号、15 号测点爆破地震波主频在 10~50Hz 之间，所对应的民宅为砖混结构，按照规程规定其安全允许振速最大值为 2.8 cm/s，此 4 测点均超过了规程规定的安全允许振速。爆破后 1 号、4 号测点所对应的民宅 A、民宅 D 未出现任何损坏。13 号测点、15 号测点所对应的民宅 M、民宅 O 距离爆区较近爆破前居民已经搬迁，成为闲置空房。爆破后两处民宅均产生破坏现象，其中民宅 M 抹灰层大面积脱落，窗台、门口出现“八”字形裂缝，墙体及地板出现多处裂隙；民宅 O 抹灰层脱落，墙体出现裂隙，楼梯出现一道水平裂隙。10 号测点爆破地震波主频为 9.519Hz，按照规程规定其安全允许振速最大值为 2.5cm/s，该测点对应的民宅 J 爆破后未发生任何损坏。其余测点的振速峰值均未超过其对应的安全允许振速最大值，爆破后 16 号测点所对应的民宅 P 抹灰层脱落，沿窗口出现细微裂隙；17 号测点所对应的民宅 Q 原有的细微裂隙变宽，破坏程度进一步加深；19 号测点对应的民宅 S 窗口抹灰层脱落，原有的细微裂隙加宽，并且在门口出现新的“八”字形的细微裂隙。

上述所选的 20 组实测数据中，未超过规程规定安全允许振速有 15 组，其中未发生破坏的有 12 组；超过规程规定的安全允许振速有 5 组，其中发生破坏的有 2 组。按照规程可以解释的现象有 14 组，这说明规程是建立在大量的爆破振动危害调查基础上的，具有重要的参考价值。然而还存在 6 组异常数据不能用规程解释，第一，规程只考虑了爆破地震波的质点振动峰值速度、主频，而没有考虑爆破地震波的持续时间以及结构对爆破地震波的响应；第二，规程规定对于陈旧和破损房屋，其安全允许振速根据实际情况应适当降低，但是对于此类陈旧和破损的房屋安全允许振速降低值没有标准，因此还需要进行完善。

下面采用本书所提出的最大瞬时输入能量与滞回耗能双因素准则对所选取的20组数据进行分析。首先将实测的爆破地震波直接微分获取加速度时程曲线，并采用EEMD进行低通去噪处理。由于所测的民宅都为砖混结构，根据式（4-6）可计算出各民宅的自振周期，然后选取结构的阻尼比为0.05，双线型恢复力模型屈服强度系数为0.3，屈服后的刚度折减系数为0.02。最后将去噪后的加速度时程曲线作为弹塑性SDOF结构动力计算的输入数据，得到结构在爆破地震波作用下的最大瞬时输入能量与滞回耗能，见表4-3。

表4-3　各民宅的能量反应

民房编号	自振周期/s	最大瞬时输入能量/J	滞回耗能/J
A	0.1428	123.12	2745.44
B	0.1462	45.98	854.35
C	0.1394	17.33	356.32
D	0.1428	131.44	2678.21
E	0.1378	33.65	677.93
F	0.1394	34.13	768.86
G	0.1445	20.66	459.19
H	0.1512	31.28	679.37
I	0.1478	35.76	712.21
J	0.1478	119.76	2338.91
K	0.2302	35.67	697.44
L	0.1411	40.13	754.35
M	0.1428	220.25	2987.19
N	0.1462	39.77	732.87
O	0.1462	215.11	2853.33
P	0.1445	155.54	3022.22
Q	0.1495	113.17	2930.09
R	0.2117	145.76	2871.15
S	0.1411	103.22	2853.87
T	0.1378	143.23	2973.12

由表4-3可见：（1）最大瞬时输入能量主要与爆破地震波的质点振动峰值速度、主频以及结构的自振周期有关，并不能反映爆破振动持续时间的危害，而滞回耗能能够很好地体现爆破振动持续时间的危害，如13号、15号测点最大瞬时输入能量较大，但是滞回耗能较16号测点小。（2）13号、15号测点的最大瞬

时输入能量明显偏大，分别为 220.25 J、215.11 J，对应的滞回耗能值分别为 2987.19 J、2853.33 J；16 号测点的最大瞬时输入能量为 155.54 J、滞回耗能为 3022.22 J；17 号、19 号测点最大瞬时输入能量分别为 113.17 J、103.22 J，对应的滞回耗能分别为 2930.09 J、2853.87 J。其余测点最大瞬时输入能量均小于 200 J、滞回耗能均小于 3000 J，均未产生破坏现象。除 17 号、19 号测点对应民宅 Q、民宅 S 爆破前墙体已经出现细微裂缝外，其余民宅都完好无损，因此可以认为：(1) 对于砖混结构在爆破前完好的民宅最大瞬时输入能量超过 200 J 引起首次超越破坏，如 13 号、15 号测点对应的民宅 M、民宅 O；滞回耗能超过 3000 J 引起塑性累积破坏，如 16 号测点对应的民宅 P。(2) 对于爆前已经出现细微裂缝的民宅其对应的最大瞬时输入能量与滞回耗能均较完好民宅发生破坏的阈值低，说明此类房屋的抗冲击性能更差，本次测试中 17 号、19 号测点滞回耗能更接近完好房屋塑性累积破坏阈值，因此初步认为 17 号、19 号测点对应的民宅 Q、民宅 S 为塑性累积破坏，但对此还需要大量的数据进行验证。

由上述分析可知，基于最大瞬时输入能量与滞回耗能的双因素准则能够从能量的角度反映爆破振动特性与结构响应特性的综合作用，能够解释规程不能解释的现象，因此较频率-振速双因素安全判据更具有科学性与合理性。

4.3.2 工程实例分析（二）

中联水泥有限公司南阳分公司所属的石灰石矿山地处河南省镇平县老庄镇境内。在矿区西南、正南和东侧分布有 3 个居民点（核桃园、碾盘沟和分水岭），见图 4-7。

矿山为露天石灰石矿，北南长约 700m，最宽处约 250m，2004 年投产生产。矿山爆破采用中深孔台阶形式，一般梯段高 15m，钻孔直径 165mm，采用塑料导爆管雷管排间微差起爆，其中排间采用 5 段雷管微差延时。一般情况下一次爆破的总装药量 6t 左右，单段药量小于 600kg。

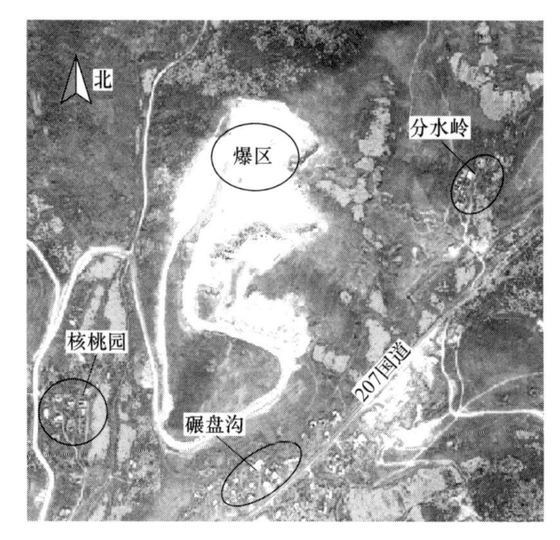

图 4-7 爆区周边环境示意图

矿山设计开采边界线西南部边缘距核桃园居民点边缘约 250m，东部边缘距分水岭居民点边缘约 230m，南部边缘距碾盘沟居民点边缘约 270m。开采施工采用由北向南推进的方式。目前开采区接近矿区最北端，但爆破引起的振动，已经引起邻近3个居民点的抱怨，随开采区逐渐向南推进及开采水平面的下降，爆破振动对邻近3个居民点的影响将越加显著。3个居民点（核桃园、碾盘沟和分水岭）共有住户37户，房屋77座（包括简易房13座），其中砖混结构平房21座，石木结构房和草房56座。砖混结构房屋多为20世纪90年代建造，石木房、草房建造时间较远，多为20世纪60~80年代建造，有的甚至更早而无从确认。石木房墙体用片石、毛石干砌而成，整体性差，其抗震性、抗冲击性能力十分薄弱，屋盖结构因渗漏加之年久失修，腐朽严重。

为了对矿山生产爆破引起3个居民点各类型建筑物的响应进行安全评估，在每个居民点各选取两座有代表性的民房，在其基础处布置测点。其中核桃园居民点选取A、B两住房，分水岭居民点选取C、D两住房，碾盘沟居民点选取E、F两住房，实测信号见图4-8，其所测房屋基本参数见表4-4，测试结果见表4-5。

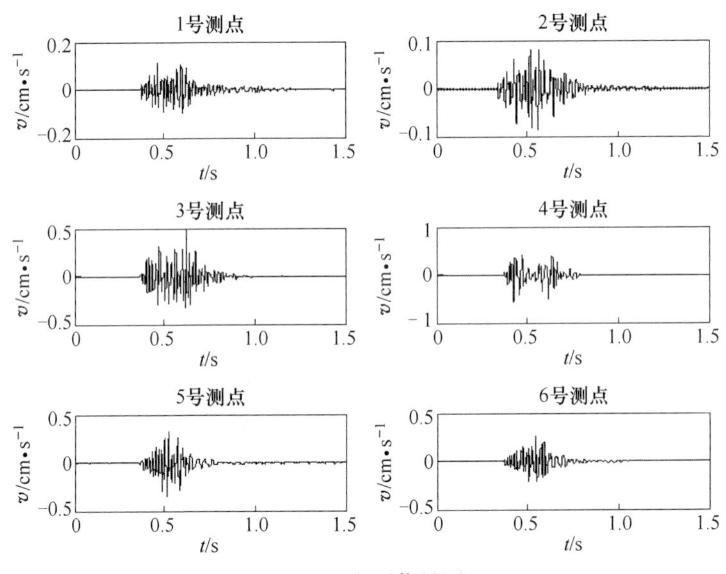

图4-8 实测信号图

表4-4 所测房屋的基本参数

居民点	测点	民房编号	民房结构	民房高度/m	爆前状况
核桃园	1号	A	砖混	3.5	完好无损
	2号	B	砖混	3.3	完好无损
分水岭	3号	C	石木	3.7	完好无损
	4号	D	砖混	3.5	完好无损
碾盘沟	5号	E	石木	3.8	墙体细微裂缝
	6号	F	砖混	3.4	完好无损

表 4-5 测试结果报表

测点	最大段药量/kg	爆心距/m	质点振动速度峰值/cm·s^{-1}	振动主频/Hz	持续时间/s
1 号	240	481.58	0.113	9.82	0.86
2 号	240	489.97	0.094	14.14	0.90
3 号	260	343.27	0.473	12.05	0.83
4 号	260	368.73	0.580	11.25	0.85
5 号	320	418.14	0.357	12.36	0.78
6 号	320	447.87	0.275	11.46	0.80

在本次爆破振动测试中，1 号、2 号、4 号和 6 号测点所测的民房都属于砖混结构，1 号测点振动主频为小于 10Hz，按照规程中规定的安全允许振速为 1.5~2.0cm/s，所测得的振动速度峰值为 0.113cm/s，远远小于安全允许的振速，其余测点振动主频在 10~50Hz 范围内，所测得的振动速度峰值也都远远小于 2.0cm/s。3 号测点的民房 C 、5 号测点的民房 E 为石木结构，爆破振动后经镇平县双赢设计公司和镇平县质监站对房屋进行了鉴定，只有 3 号测点的民房 C 出现沿屋顶水平裂缝，沿窗台、门口“八”字形裂缝，其余 4 处民房爆破后没有出现破坏；5 号测点民房 E 房屋在爆破振动前就已经出现了轻微的裂缝，爆破振动后经镇平县双赢设计公司和镇平县质监站对房屋进行鉴定：屋顶积尘大量脱落，原有裂隙变宽。本次 3 号测点的质点振动速度峰值为 0.473cm/s，振动主频为 10~50Hz；5 号测点的质点振动速度峰值为 0.357cm/s，振动主频为 10~50Hz，此类结构规程规定的安全允许振速为 0.45~0.9cm/s。针对本次爆破振动实测数据存在安全规程不能解释的现象，采用本书所提出的瞬时输入能量与滞回耗能双因素准则进行分析。各民宅最大瞬时输入能量与滞回耗能见表 4-6。

表 4-6 各民宅的能量反应

民房编号	自振周期/s	最大瞬时输入能量/J	滞回耗能/J
A	0.0790	3.87	36.76
B	0.0756	3.75	33.24
C	0.0823	7.69	121.36
D	0.0790	8.77	133.66
E	0.0840	5.32	107.23
F	0.0773	5.51	78.76

由表 4-6 可见，对于 1 号、2 号、4 号、6 号测点对应的民宅为砖混结构且爆

前均完好无损，其最大瞬时输入能量最大值为 6.77J，滞回耗能最大值为 133.66J，按照工程实例（一）的分析结果，爆破地震波不会对民宅造成损害，这与实际相符。3 号、5 号测点对应的民宅 C、民宅 E 为石木结构，且在爆破前 5 号测点对应的民宅 E 在爆破前墙体已经出现细微裂隙，爆破后民宅 C 发生破坏，民宅 E 裂隙变宽。3 号测点、5 号测点最大瞬时输入能量分别为 7.69J、5.32J，滞回耗能分别为 121.36J、107.23J，初步认为 3 号测点、5 号测点对应的民宅 C、民宅 E 为塑性累积破坏，但对此还需要大量的数据进行验证。

由工程实例（一）、（二）可以看出，结构在没有发生破坏的前提下，结构所能抵抗的最大瞬时输入能量越大、耗散的滞回耗能越多结构的抗震性越强，在两个工程实例中，砖混结构房屋抗震性能明显优于石木结构，没有发生破坏房屋比出现裂隙的房屋抗震性强的现象。

综上所述，能量的观点能从结构对爆破地震波能量的输入、转化与耗散角度进行研究，基于最大瞬时输入能量与滞回耗能的双因素准则判据能够反映出结构在爆破地震波作用下首次超越破坏与塑性累积破坏两种形式，因而能够更准确、更全面地描述结构在爆破地震波作用下的破坏程度，因此更具有科学性与合理性。但是本书的工程实例中只是针对砖混与石木两种结构的建筑物，而对于框架、剪力墙、框架-剪力墙结构还没有涉及，另外缺少爆破前出现裂隙的破损房屋而爆破后裂隙没有发生变化的数据，不能对此类房屋是否由最大瞬时输入能量还是由滞回耗能引起的破损做出准确的判断，因此还需要大量的实测数据对各种结构的安全允许阈值进行确定，另外对已经发生破坏的房屋需根据《危险房屋鉴定标准》进行鉴定，然后根据不同结构、不同的安全等级确定相应的安全阈值标准。

4.4 小结

本章从结构在爆破地震波作用下的首次超越破坏和塑性累积损伤两种破坏形式出发，在已有的大量研究成果基础上，基于能量的观点对爆破地震波作用下结构的破坏机理进行了研究。提出以最大瞬时输入能量与滞回耗能双因素准则作为爆破振动安全判据，并结合工程实例进行了检验；同时以此双因素指标作为爆破振动主动控制的方法，进行了降振微差时间的选择并结合工程实例进行了分析。主要的研究内容为：

（1）最大瞬时输入能量作用于结构的时间很短，使得结构的阻尼没有来得及发挥作用，因此最大输入能量主要对应结构的首次超越破坏。影响最大瞬时输入能量的因素主要为爆破地震波的质点振动速度峰值、主频以及结构的自振周期，而无法反映爆破振动持续时间对结构非线性破坏的累积过程。

（2）滞回耗能是反映结构塑性累积损伤的重要指标，一般结构在持续时间较长爆破地震波作用下易发生塑性累积破坏。因此基于最大瞬时输入能量与滞回耗能双因素准则的爆破振动安全判据具有全面性、科学性、合理性，这与工程实例的振动危害调查结果相符。

（3）爆心距不同，爆破地震波的叠加位置也不同。因此对于合理降振微差间隔时间的选取应考虑爆心距这个重要因素。基于此结合结构在爆破地震波作用下的破坏机理对不同爆心距下降振的最佳微差间隔时间进行了选取，并在实际工程爆破中加以应用，验证了该方法的可行性与有效性。

（4）基于最大瞬时输入能量与滞回耗能双因素准则安全判据的提出，为最终构建全面、科学、合理的多因素安全判据提供了一定的理论基础，然而对于不同结构、不同安全等级的建筑物安全允许阈值的确定还需要大量的实测数据予以补充和完善。

5 地震波能量传播规律研究

5.1 引言

以上章节探讨了利用爆破地震波能量对爆破振动危害效应进行安全评判，能很好地分析爆破振动幅值强度、主振频率和持续时间对建筑物振动破坏程度的影响。但是采用能量的方法对爆破振动危害效应进行研究也存在一些问题。目前广大学者对于爆破地震波能量的研究主要集中在结构体在地震波作用下的能量转换和能量破坏原理的研究方面，而对于爆破地震波能量在到达保护目标之前的传播规律的研究却鲜有报道。这就无法对爆破地震波能量做出准确的预测，从而无法提前对保护目标受振后是否发生破坏做出准确的预判，因此需要对爆破地震波能量的衰减规律进行研究。

在开展对爆破地震波能量衰减规律的研究之前，必须选择一种合适的爆破地震波能量的计算方法，使其既能满足对保护目标在爆破地震波作用下能量转换和能量损伤原理的分析需要，又能同时满足对爆破振动特征和传播特性的分析需要。目前广大学者对于爆破地震波能量的计算方法虽然种类繁多，但却很难同时满足二者的需要。也有学者对爆破地震波能量的衰减规律进行了研究，如李洪涛等提出利用质点振动的动能作为爆破地震波的能量，并对爆破振动时间历程内速度平方求积分得到爆破振动的总能量，依此方法计算出各监测点的总能量并对能量的衰减规律进行分析。当前学者们的研究虽然取得了一定的成果，但也存在一些问题：爆破地震波能量的衰减不仅与介质的阻尼作用有关，也与波阵面的扩大有关。只考虑质点处的振动能量，就很难反映由于波阵面的扩大而导致地震波能量的稀释现象，容易将介质阻尼作用造成的能量衰减与波阵面扩大而引起的质点地震波能量的稀释现象混为一谈，从而影响对爆破地震波能量衰减规律的分析。此外在台阶毫秒延时爆破中，由于装药方法和起爆方式灵活多变，与其他爆破方法相比，影响爆破地震波能量的爆源因素更多，因此有必要考虑爆源因素对爆破地震波能量的影响。

为此，本章将开展爆破地震波能量计算方法及其衰减规律的研究，建立爆破地震波能量的衰减公式，对爆破地震波的强度进行预测和评判，并结合现场实验对爆破地震波能量的衰减公式进行实验验证。

5.2 爆破地震波能量的计算

目前，对于爆破地震波能量的计算方法种类很多，没有一个统一的计算方法，不同的学者采用了不同的计算方法，归纳起来大致可以分为两大类：一类是基于信号分析的质点能量计算方法，如上文所述的总输入能量计算方法、瞬时能量计算方法；一类是基于能通量的地震波总能量计算方法，如 Hinzen 等对光面爆破地震波能量的计算、José A. Sanchidrián 等对炸药爆破后炸药能量转换地震波能量的计算。此外，Fogelson 和 Atchinson、Berg、Cook、Nicholls、Atchinson 等都对爆破地震波能量的计算方法进行了研究，并进行了工程实例应用。

5.2.1 基于信号分析的质点能量计算方法

基于信号分析的爆破地震波能量计算方法主要有小波时能密度分析法、HHT 能量谱和边际能量谱分析方法等，主要被国内学者用于对爆破振动破坏原理及安全评判的研究。目前，此类方法中使用较多也最被广大学者认可的是 HHT 分析法。

HHT 分析方法是一种全新的稳态和非稳态信号分析技术，它由固有模态分解（EMD）和 Hilbert 变换两部分组成，其核心是 EMD。EMD 算法具体步骤如下：

对于信号 $x(t)$ ，固有模态分解首先找到信号 $x(t)$ 的极值点，然后利用三次样条函数曲线对所有的极大值进行插值，拟合出信号 $x(t)$ 的上包络线 $x_{max}(t)$；同理利用三次样条函数曲线对所有的极小值进行插值，拟合出信号 $x(t)$ 的下包络线 $x_{min}(t)$ 。对按顺序连接的上下包络线取均值，即得到了均值线 $m_1(t)$ ：

$$m_1(t) = [x_{max}(t) + x_{min}(t)]/2 \tag{5-1}$$

再利用 $x(t) - m_1(t)$ 即得到第一个分量 $h_1(t)$ 。检验 $h_1(t)$ 是否满足 IMF 的条件，若满足，$h_1(t)$ 就是一个 IMF；若不满足，重复执行筛选过程，直至 $h_{1k}(t)$ 满足条件。对于 $h_{1k}(t)$ 是不是 IMF 分量需要一个筛选过程的终止准则，该条件准则可以通过限制标准差的大小来实现，标准差 SD 通过两个连续的处理结果来计算得出：

$$SD = \frac{\sum_{t=0}^{T} |h_{1(k-1)} - h_{1k}|^2}{\sum_{t=0}^{T} h_{1(k-1)}^2} \tag{5-2}$$

SD 称为筛分门限值，一般取 0.2~0.3。如果 SD 小于这个门限值，筛分过程就停止。当 $h_{1k}(t)$ 满足 SD 值的要求时，则 h_{1k} 可视为第一阶 IMF 分量，记为 $c_1(t)$ ：

$$c_1(t) = h_{1k}(t) \tag{5-3}$$

将 $c_1(t)$ 从 $x(t)$ 中分离出来，得到残差数据 $r_1(t)$ ，即：

$$r_1(t) = x(t) - c_1(t) \tag{5-4}$$

将 $r_1(t)$ 作为原始数据重复以上过程，可以自适应地通过多次筛选从高频到低频逐个分解出有限个 IMF 分量 $c_i(t)$ 和余项 $r(t)$ ，即：

$$x(t) = \sum_{i=1}^{N} c_i(t) + r(t) \tag{5-5}$$

将信号分解后得到的各个 IMF 分量进行 Hilbert 变换，可得到了每个 IMF 分量的瞬时频谱，再把全部的瞬时频谱综合起来就得到了信号的 Hilbert 谱。IMF 分量可通过下式进行 Hilbert 变换：

$$H[c(t)] = \frac{1}{\pi} PV \int_{-\infty}^{\infty} \frac{c(t')}{t - t'} \mathrm{d}t' \tag{5-6}$$

式中 PV 为柯西主值，由此解析信号 $z(t)$ 可构建为：

$$z(t) = c(t) + jH[c(t)] = a(t)\,\mathrm{e}^{j\phi(t)} \tag{5-7}$$

式中包络函数为：

$$a(t) = \sqrt{c^2(t) + H^2[c(t)]} \tag{5-8}$$

相位函数为：

$$\phi(t) = \tan^{-1} \frac{H[c(t)]}{c(t)} \tag{5-9}$$

可以看出 $a(t)$ 和 $\phi(t)$ 都是关于时间的变量，对相位函数求导即可得到瞬时频率：

$$f(t) = \frac{\mathrm{d}\phi(t)}{\mathrm{d}t} \tag{5-10}$$

将信号经 EMD 分解得到的 IMF 分量作 Hilbert 变换，得到 Hilbert 谱为：

$$H(\omega,\ t) = \mathrm{Re} \sum_{i=1}^{n} a_i(t)\,\mathrm{e}^{\int \omega_i(t)\mathrm{d}t} \tag{5-11}$$

将 Hilbert 谱积分即可得到 Hilbert 边际谱，Hilbert 边际谱能够很好地体现信号幅值随频率的变化过程，其计算公式如下：

$$h(\omega) = \int_0^T H(\omega,\ t)\,\mathrm{d}t \tag{5-12}$$

对振幅的平方进行时间积分便可以得到 Hilbert 能量谱：

$$E_{\mathrm{s}}(\omega) = \int_0^T H^2(\omega,\ t)\,\mathrm{d}t \tag{5-13}$$

因此 Hilbert 边际能量谱可定义为：

$$E(\omega) = \int_0^T H^2(\omega,\ t)\,\mathrm{d}t \tag{5-14}$$

由 Hilbert 边际能量谱可求出信号各频段的能量，表示了每个频段在整个振动时间历程内的总能量。对各频段信号的能量求和即可得到爆破地震波信号的总能量：

$$E = \sum_0^{\omega} E(\omega) \tag{5-15}$$

5.2.2　基于能通量的地震波总能量计算方法

相对于国内学者主要侧重于对振动危害和信号分析技术的研究，国外学者更关注对炸药能量转为地震波能量的比率研究，以此作用爆破参数优化的依据。如José A. Sanchidrián采用能通量的方法对爆破地震波的能量进行了计算，其方法如下：某个监测点的爆破地震波的能量可通过计算爆破地震波能量在传播过程中通过该监测点球面上的能通量的积分求得。每个单位面积的能通量可表示为该表面单元的应力与质点速度的内积：

$$\boldsymbol{\Phi} = \boldsymbol{t} \times \boldsymbol{v} \tag{5-16}$$

式中，t 和 v 分别为应力和质点速度的矢量。通过柯西公式，利用应力张量可求得应力：

$$t_j = \tau_{ij} n_i \tag{5-17}$$

再利用爱因斯坦求和约定，可求得能通量为：

$$\boldsymbol{\Phi} = \tau_{ij} n_i v_j \tag{5-18}$$

为了使应力与爆破振动监测记录仪所记录的质点振动速度联系起来，还必须做如下假设：如果将地震波看作是在一个无限均匀介质中传播的纵向球面波，则在球面坐标系中，应力张量的主分量可表示为：

$$\begin{cases} \tau_{11} = (\lambda + 2\mu) \dfrac{\partial u_1}{\partial r} + 2\lambda \dfrac{u_1}{r} \\ \tau_{22} = \tau_{33} = \lambda \dfrac{\partial u_1}{\partial r} + (\lambda + 2\mu) \dfrac{\partial u_1}{r} \\ \tau_{ij}(i \neq j) = 0 \end{cases} \tag{5-19}$$

式中，u_1 为径向的质点振动位移；r 为爆心距；λ 和 μ 为拉姆常数。对于一个和波阵面一致的球形表面，它在主轴上的标准单元矢量为（1，0，0），将式（5-19）带入式（5-18）得到：

$$\boldsymbol{\Phi} = \left[(\lambda + 2\mu) \frac{\partial u_1}{\partial r} + 2\lambda \frac{u_1}{r} \right] v_1 \tag{5-20}$$

式中，v_1 为水平径向的质点振动速度。假设通过爆心距 r 处的表面的能通量是一个定值，则通过该表面的总能量可表示为：

$$P = 4\pi r^2 \boldsymbol{\Phi} \tag{5-21}$$

因此，能量可表示为：

$$E_{s1} = \int_0^{\infty} 4\pi r^2 \boldsymbol{\Phi} \mathrm{d}t = 4\pi r^2 \times \int_0^t \left[(\lambda + 2\mu) \frac{\partial u_1}{\partial r} + 2\lambda \frac{u_1}{r} \right] v_1 \mathrm{d}t \tag{5-22}$$

质点振动速度的历程可通过地面监测记录仪获得。通过计算速度历程的时间积分可求得该处质点振动的位移为：

$$u_1(t) = \int_0^t v_1(t) \mathrm{d}t \tag{5-23}$$

爆破振动位移的空间导数可近似地通过如下关系表示：

$$\frac{\partial u}{\partial r} = -\frac{v}{c} \tag{5-24}$$

式中，c 为波的传播速度，当 $v \ll c$ 时，式（5-24）成立，在这里，质点振动速度远远小于波的传播速度，因此可采用式（5-24）进行代换，将其代入式（5-23）可得到地震波能量的计算公式为：

$$E_{s1} = 4\pi r^2 \int_0^t \left[-(\lambda + 2\mu) \frac{v_1^2}{c_L} + 2\lambda \frac{u_1 v_1}{r} \right] dt \tag{5-25}$$

式中，c_L为纵波波速。对于一个简谐波，式（5-25）中第 2 项的时间积分几乎为零，在地震波记录仪中，其所占的百分比常常小于 0.05%，因此忽略掉第 2 项将不会对计算结果产生太大误差。又 $c_L = (\lambda + 2\mu)/\rho$（$\rho$ 为岩体的密度），可得：

$$E_{s1} = -4\pi r^2 \rho c_L \int_0^t v_1^2 dt \tag{5-26}$$

式（5-26）的负号表示能量正在远离监控点所在的球面，总能量在不断减小。如果将平面纵波近似地视为一个在较大直径处的球面波，则式（5-26）也适用于平面纵波能量的计算。

式（5-25）和式（5-26）计算的地震波能量是一个在弹性介质中传播的质点水平径向振动速度为 v_1 的球面波或平面 P 波的能量，即现场实测的水平径向的地震波能量。设 v_2、v_3分别为监测点水平切向和垂直方向的爆破振动速度分量，利用平面波相似性原理，求得水平切向和垂直方向能量的分量分别为：

$$E_{s2} = -4\pi r^2 \rho c_T \int_0^t v_2^2 dt,\ E_{s3} = -4\pi r^2 \rho c_T \int_0^t v_3^2 dt \tag{5-27}$$

将公式（3-26）与公式（3-27）相加，并取绝对值得到爆破地震波总能量的计算公式为：

$$E_s = 4\pi r^2 \rho \left[c_L \int_0^t v_1^2 dt + c_T \int_0^t (v_2^2 + v_3^2) dt \right] \tag{5-28}$$

式中　E_s——爆破地震波通过监测点处球面的总能量；
r——监测点到爆源的距离；
ρ——传播介质的密度；
c_L——传播介质的纵波波速；
c_T——传播介质的横波波速；
v_1、v_2、v_3——分别为监测点水平径向、水平切向和垂直方向的爆破振动速度。

为简化起见，如果将地震波的纵波波速和横波波速近似看作为一个统一的波速，则式（5-28）可简化为：

$$E_s = 4\pi r^2 \rho c \int_0^t (v_1^2 + v_2^2 + v_3^2) dt \tag{5-29}$$

用 v 表示质点振动速度的矢量和，则有 $v^2 = v_1^2 + v_2^2 + v_3^2$，将其带入式（5-29）得到：

$$E_s = 4\pi r^2 \rho c \int_0^t v^2 dt \tag{5-30}$$

如果现场能够取得比较详细的岩石特性参数以及爆破振动各分量的速度历程，则采用式（5-28）进行计算最为理想。如果不能，也可采用式（5-30）对爆破振动的地震波能量进行计算。

在实际计算中，爆破振动监测值是离散信号，式（5-30）中的积分部分可以利用如下积分方式求得：

$$\int_0^t v^2 \mathrm{d}t = \left[\sum v^2(t_i) - \frac{v^2(t_0) + v^2(t_m)}{2} \right] \times \Delta t \tag{5-31}$$

式中　$v(t_i)$——爆破振动速度的离散采样点序列；

t_0和t_m——分别为爆破振动历程的起始和终止时刻；

Δt——采样点间隔时间。

在实际振动信号监测中，爆破振动速度的离散采样序列的首部和尾部存在一定长度的数值为零的采样点，因此式（3-31）可简化为：

$$\int_0^t v^2 \mathrm{d}t = \left[\sum v^2(t_i) \right] \times \Delta t \tag{5-32}$$

将式（5-32）代入式（5-30）有：

$$E_s = 4\pi r^2 \rho c \left[\sum v^2(t_i) \right] \times \Delta t \tag{5-33}$$

利用式（5-33）即可计算出爆破地震波通过监测点处波阵面的总能量，以此研究地震波能量衰减规律，则可有效地排除波阵面扩大对爆破地震波在传播介质中能量衰减的影响。

Hinzen 在对光面爆破地震波能量与炸药能量的比较中采用的监测点球面波总能量的计算方法为：

$$E_s = 4\pi r^2 \rho c \mathrm{e}^{\kappa r} \int_{t_1}^{t_2} v^2 \mathrm{d}t \tag{5-34}$$

式（5-34）计算的地震波能量与采用能通量公式计算的能量粗略相同，公式中考虑了传播介质的阻尼作用，阻尼系数 κ 可以用一个含有与频率无关的质量系数 Q 的函数表示：

$$\kappa = \frac{\pi}{QcT} \tag{5-35}$$

对于一个在变质岩中传播的 P 波（加速度的主导阶段），其质量系数的平均值为 300[148]，对于一个主周期为 0.001s（1000Hz）、平均波速为 5400m/s 的 P 波，在平均距离为 5m 处有：

$$\begin{cases} \kappa = 1.9 \times 10^{-3} \\ e^{\kappa r} = 1.002 \approx 1 \end{cases} \tag{5-36}$$

可以看出式（5-34）中的指数项可忽略，化简后得：

$$E_s = 4\pi r^2 \rho c \int_{t_1}^{t_2} v^2 \mathrm{d}t \tag{5-37}$$

从式（5-30）和式（5-37）的对比可以看出 Sanchidrián 和 Hinzen 对于爆破

地震波能量的计算基本相同，利用此类公式可以粗略地计算出炸药转换为地震波的总能量。在实际工程中，为了使地震波的能量更加准确可信，往往在相同距离的波阵面上布置多个监测点，以各监测点的平均值作为爆破地震波的能量。该波阵面监测到的地震波能量的平均值为：

$$E_{sa} = \frac{1}{N}\sum_{i=1}^{N} E_s(i = 1,\ 2,\ \cdots,\ N) \tag{5-38}$$

与采用信号分析的能量计算方法相比，基于能通量的地震波能量计算方法考虑了因地震波波阵面扩大而造成的质点能量稀释，以此方法计算的能量开展爆破地震波能量衰减规律的研究，不会将介质对爆破地震波的阻尼耗散作用与由于波阵面的不断扩大而导致的能量稀释混为一团，这就大大降低了能量衰减系数的分析误差，提高了能量衰减公式的预报精度。

因此，本书在对地震波能量衰减规律的研究中采用 Sanchidrián 提出的基于能通量的爆破地震波能量的计算方法，以此求出爆破地震波的能量，开展爆破地震波能量衰减规律的研究。

5.3　爆破地震波能量的衰减规律

5.3.1　地震波能量转换百分比

当炸药在岩土中爆炸时，在爆炸瞬间炸药的化学能首先转换为内能和机械能并对炮孔周围岩体做功，随后能量转换为周围岩体破碎形成新的自由面所需的表面能，以及岩体抛移和飞散的动能，当能量不足以引起岩体的破碎和抛移时，则以弹性势能的形式储存在岩体中，并以弹性波的形式向无穷远处传播，这种弹性波的传播就是爆破地震波。炸药在爆源处起爆时，所释放的能量转换为爆破地震波的能量不仅与炸药的总能量有关，还与其他爆源因素有关。起爆方式、装药结构、施工工艺、孔网参数等爆源因素都对炸药转换为地震波初始能量的比率产生影响。即使是装药量相同的爆破，在孔网参数、装药结构、起爆方式、岩体特性等爆源因素不同的情况下，炸药爆炸后转换为爆破地震波的能量也不相同。这种不同并不是由于传播介质的特性和阻尼作用造成的，而是由于爆源因素造成的，因此在爆破地震波能量衰减规律的研究中应该将爆源因素对爆破地震波强度的影响与传播介质对爆破地震波强度的影响区别开来。有关文献指出影响地震波能量转换系数的因素多达 60 多个，其中最主要因素为岩性、埋深、填充物、接收方向、炮孔数和微差起爆等，这些因素并不完全独立。为此本书引入了炸药能量转换为爆破地震波能量百分比的概念，利用能量转换百分比来分析爆源因素对爆破地震波强度的影响。定义 η 为炸药能量转换为地震波初始能量的百分比，则有：

$$\eta = \frac{E_{sa}}{E_e} \times 100\% \tag{5-39}$$

式中　E_e——一次爆破炸药所产生的总能量；

E_{sa}——爆破地震波的能量。

炸药能量转换为爆破地震波初始能量的百分比 η 可以通过现场实验求得，也可以通过理论计算或经验公式计算得到。国内外地震工作者先后进行了大量的研究工作，张少泉等通过理论分析认为地震波能量转换系数与萨道夫斯基公式中的场地系数 k 和衰减系数 α 有关，并给出了地震波能量转换系数的理论计算公式：

$$\eta = (k \times 10^{-2-\alpha})^{3/\alpha} \tag{5-40}$$

彭远黔等采用地震测试仪器，测试并计算了爆破地震波的震级和能量，给出了总药量的地震波转换系数和最大段药量转换系数。一般来说，露天台阶爆破和抛掷爆破，能量转换百分比小；地下爆破和松动爆破，能量转换百分比大。

5.3.2　爆破地震波能量的衰减公式

炸药爆炸后一部分能量以弹性势能的形式储存在岩体中，并以弹性波的形式向无穷远处传播，这种弹性波的传播就是爆破地震波，所以说爆破地震波的传播过程也是能量的传播过程。如果爆破地震波是在理想弹性介质中传播，则地震波的能量不会发生损失，但是任何介质都不是理想的，都会对地震波产生阻尼耗散作用，将地震波能量转换为热能或其他形式的能量而耗散掉。所以地震波在传播过程中，能量会被不断耗散而逐渐衰减。要得到一定距离处爆破振动的能量大小，就必须对爆破地震波在传播过程中的能量耗散和能量衰减规律有所认识和了解。

对爆破地震波能量在传播过程中的耗散衰减问题，有关文献认为：爆破地震波能量的相对减少与其所经过的路程成正比，将其称为地震波能量的衰减系数，设为 β 。令 E_s 表示离爆源一定距离处爆破地震波的能量，dE_s 表示在传播路程 dx 上的能量增量，则对微分段 dx 有：

$$\frac{dE_s}{E_s} = -\beta dx \tag{5-41}$$

式中负号表示能量是在不断衰减的，对式（5-41）两边求积分，由此建立爆破地震波能量的衰减公式：

$$E_s = E_0 e^{-\beta r} \tag{5-42}$$

式中，E_s 为监测点所在波阵面爆破地震波的能量；r 为监测点到爆源的距离；E_0 为爆源处炸药能量转换为爆破地震波的初始能量。又根据式（5-39）可得：

$$E_0 = \eta E_e \tag{5-43}$$

式中，E_e 为炸药爆炸后释放的总能量；E_0 为炸药爆炸后转换为爆破地震波的初始总能量。将式（5-43）代式（5-42）即可得到爆破地震波能量的衰减公式：

$$E_s = \eta E_e e^{-\beta r} \tag{5-44}$$

与萨道夫斯基公式不同，式（5-44）对地震波能量的衰减模型采用了指数函数的形式。式中 η 和 β 分别表示炸药能量转换为地震波能量的百分比和传播介质的衰减系数，可以通过现场实验和理论计算得到。在萨道夫斯基公式中 k、α 分别表示与地形、地质条件有关的系数和衰减指数，没有明确考虑爆源因素对爆破地震波能量的影响。而在地震波能量的衰减公式中，爆源因素对地震波能量的影响则可以通过能量转换百分比来进行分析。实际工程中，通过对现场监测到的地震波能量拟合，即可计算出炸药转换为地震波能量的百分比，再通过能量转换百分比的对比分析，就可以分析各个爆源因素对地震波能量转换的影响。地震波能量衰减公式既能反映爆破地震波能量的衰减规律，也能分析爆源因素对地震波能量转换百分比的影响。

5.4　现场实验

为了验证爆破地震波能量衰减公式的可行性，在贵州新联爆破工程有限公司遵义市新浦项目部洪水台场地平整现场进行了爆破振动速度的现场监测实验，利用监测的爆破振动波形数据对爆破地震波能量的衰减公式和萨道夫斯基公式的预报精度进行对比分析。

5.4.1　实验设备与方法

爆破振动速度的监测采用成都中科测控有限公司生产的 TC-4850 型爆破测振仪，频响范围：5~500Hz，读数精度：达到 1‰，配备 X、Y、Z 三维一体速度传感器，3 通道并行采集，采样频率 2000Hz。爆破测振仪应尽量布置在地表平整、区内无大的地质构造、基岩出露的地方，测振仪现场布置如图 5-1 所示。为

图 5-1　爆破测振仪现场布置图

了更好地研究爆破地震波能量的衰减规律，本次试验将爆破测振仪呈直线布置在背对临空面的法线方向，同时记录3个方向爆破振动的速度历程曲线。在起爆之前打开电源，将仪器调至“等待触发”状态；起爆后关闭电源回收仪器；连接电脑，读出爆破振动的监测数据。

5.4.2 爆破振动数据的监测与计算

以遵义市新浦新区洪水台平场工程北区和南区两次爆破实际监测的振动数据为样本，对比分析爆破地震波能量衰减公式和萨道夫斯基公式的预报精度。洪水台平场工程开挖区域无表土，岩石为厚层状（或块状）白云灰岩，断裂构造不发育，区域地块稳定性好。爆区周边环境如图5-2所示。

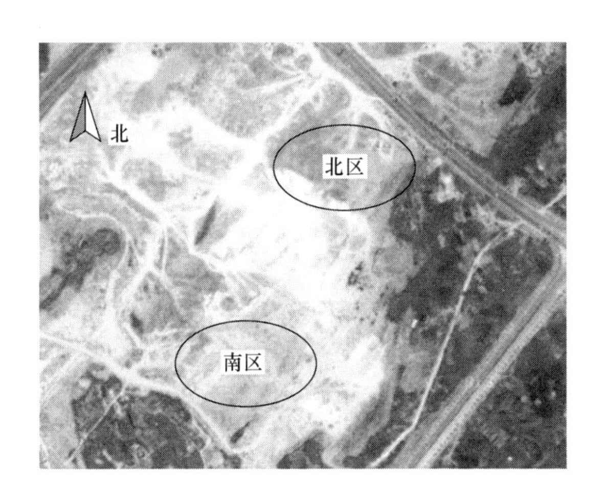

图5-2 洪水台平场工程爆区周围环境示意图

两次爆破炮孔孔径均为90mm，孔深10~12m，孔网参数为3.5m×3m。采用贵州久联民爆器材发展股份有限公司生产的70mm乳化炸药药卷进行不耦合装药，单孔平均装药25kg，查阅《爆破手册》得到标准乳化炸药的理论爆热为3.54~4.85MJ/kg，本书取乳化炸药的爆热为4.5MJ/kg。南北两区均采用孔外延期接力起爆，北区最大单响药量150kg，总起爆药量为1.2t，炸药总能量为5.4×10^3MJ；南区最大单响药量250kg，总起爆药量为2.25t，炸药总能量为10.1×10^3MJ。图5-3、图5-4分别为北区和南区不同距离处实测的三向爆破振动速度的时间历程曲线。

将监测到的质点振动速度的离散点序列输入到Matlab软件中，直接读出各监测点三向分量的质点峰值振动速度，再算出质点峰值振动速度的矢量和，计算结果如表5-1、表5-2所示。

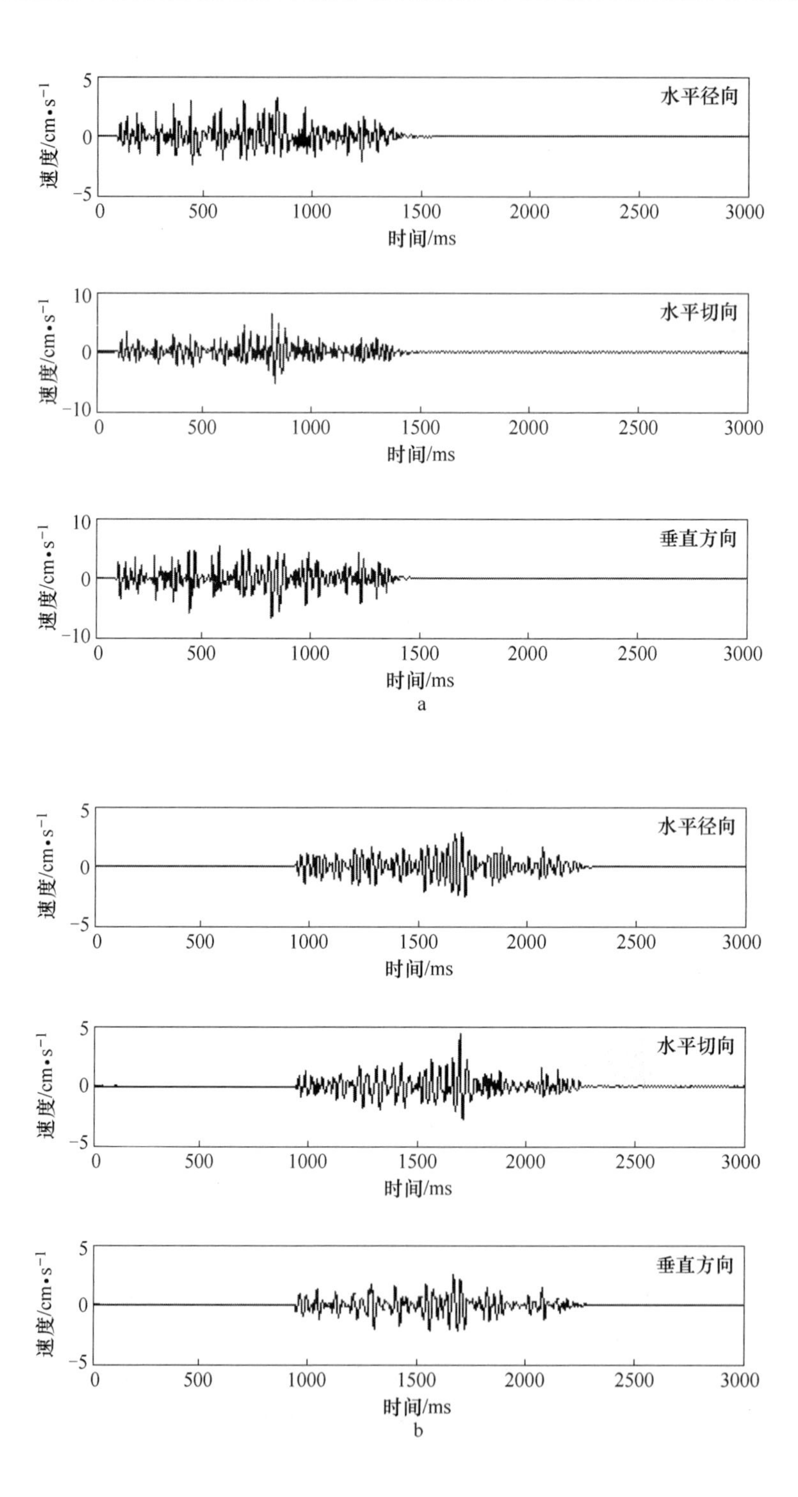
水平径向
速度/cm·s⁻¹
时间/ms
水平切向
垂直方向
a
b

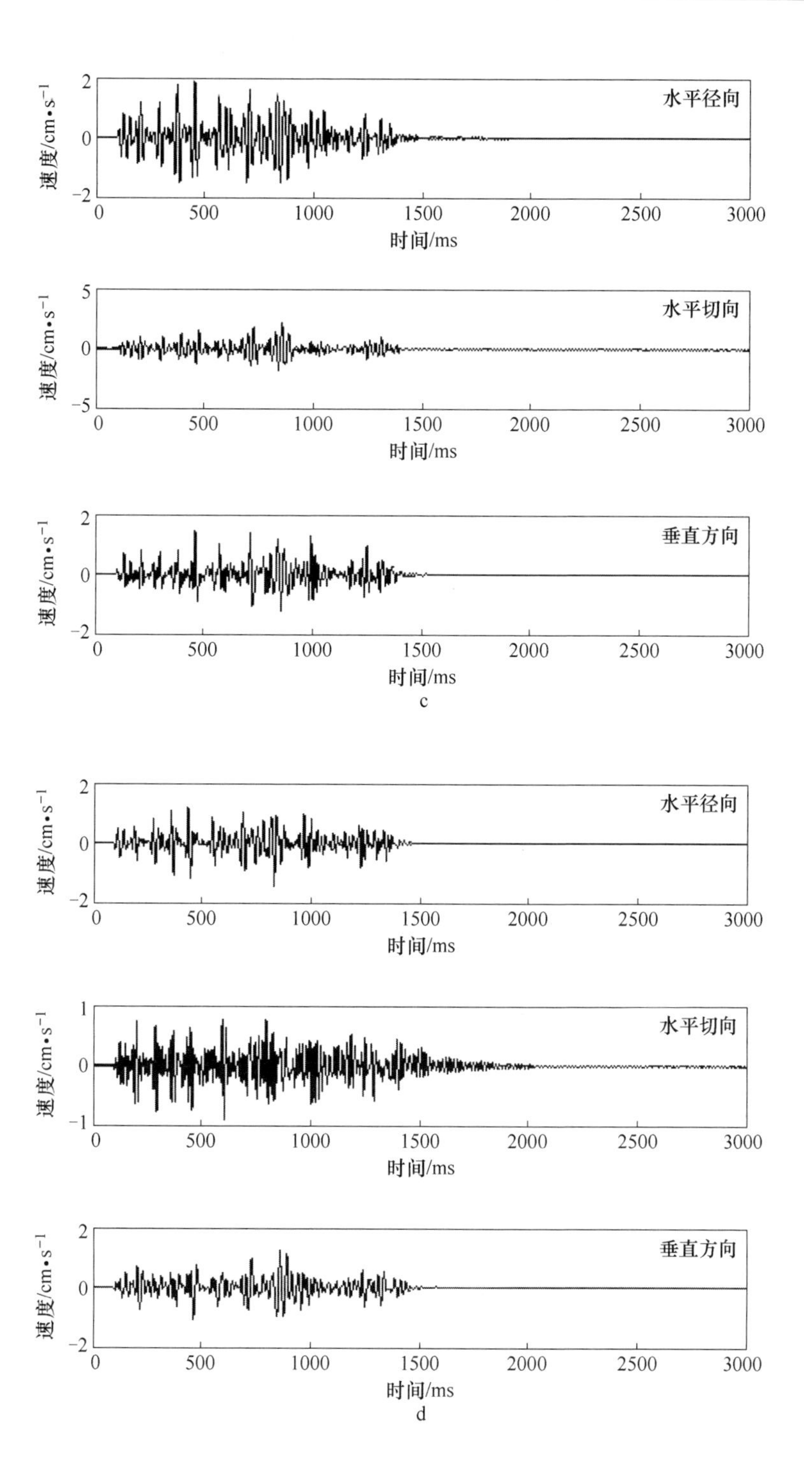

速度/cm•s⁻¹
水平径向
时间/ms
速度/cm•s⁻¹
水平切向
时间/ms
速度/cm•s⁻¹
垂直方向
时间/ms
c
速度/cm•s⁻¹
水平径向
时间/ms
速度/cm•s⁻¹
水平切向
时间/ms
速度/cm•s⁻¹
垂直方向
时间/ms
d

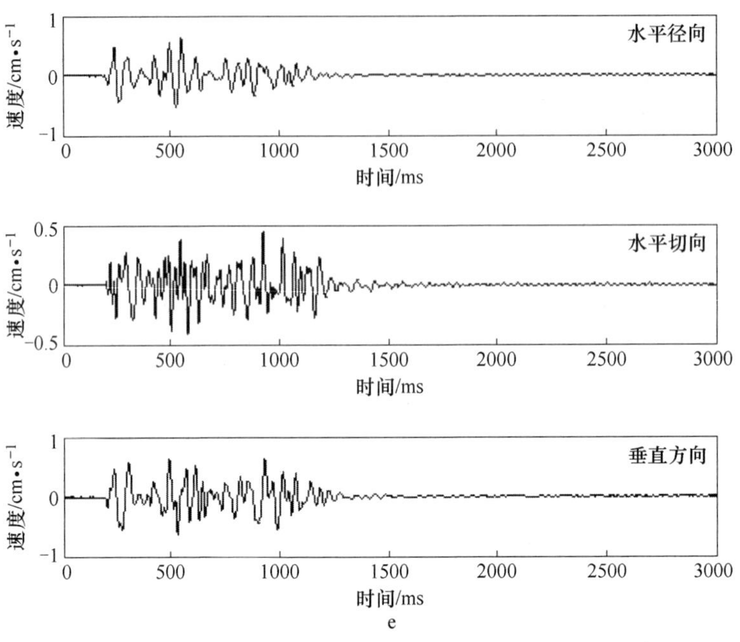

图 5-3　北区不同距离爆破振动速度的三向时间历程曲线

a—40.5m；b—57.1m；c—68.6m；d—88.7m；e—109.5m

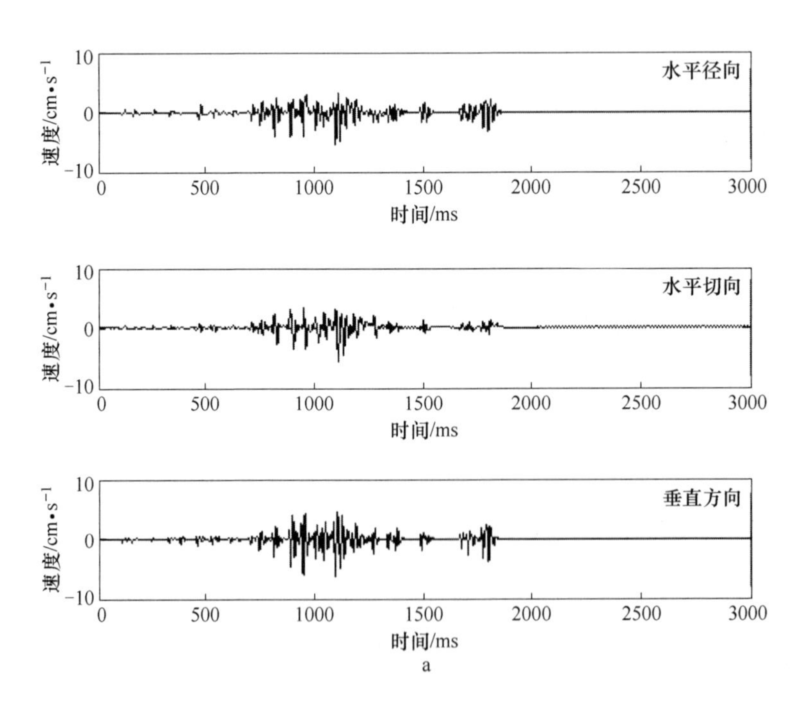

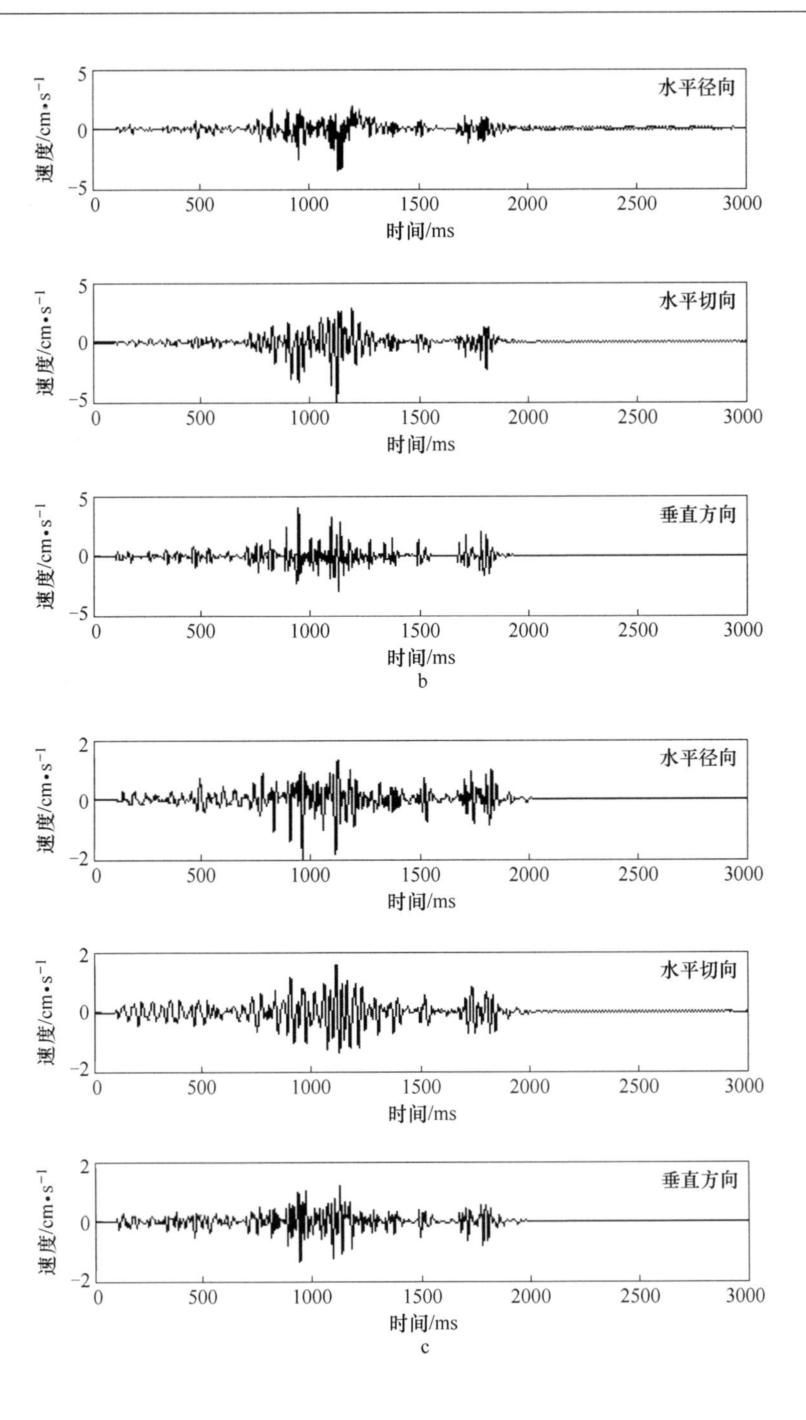
水平径向
速度/cm·s⁻¹
时间/ms
水平切向
垂直方向
b
c

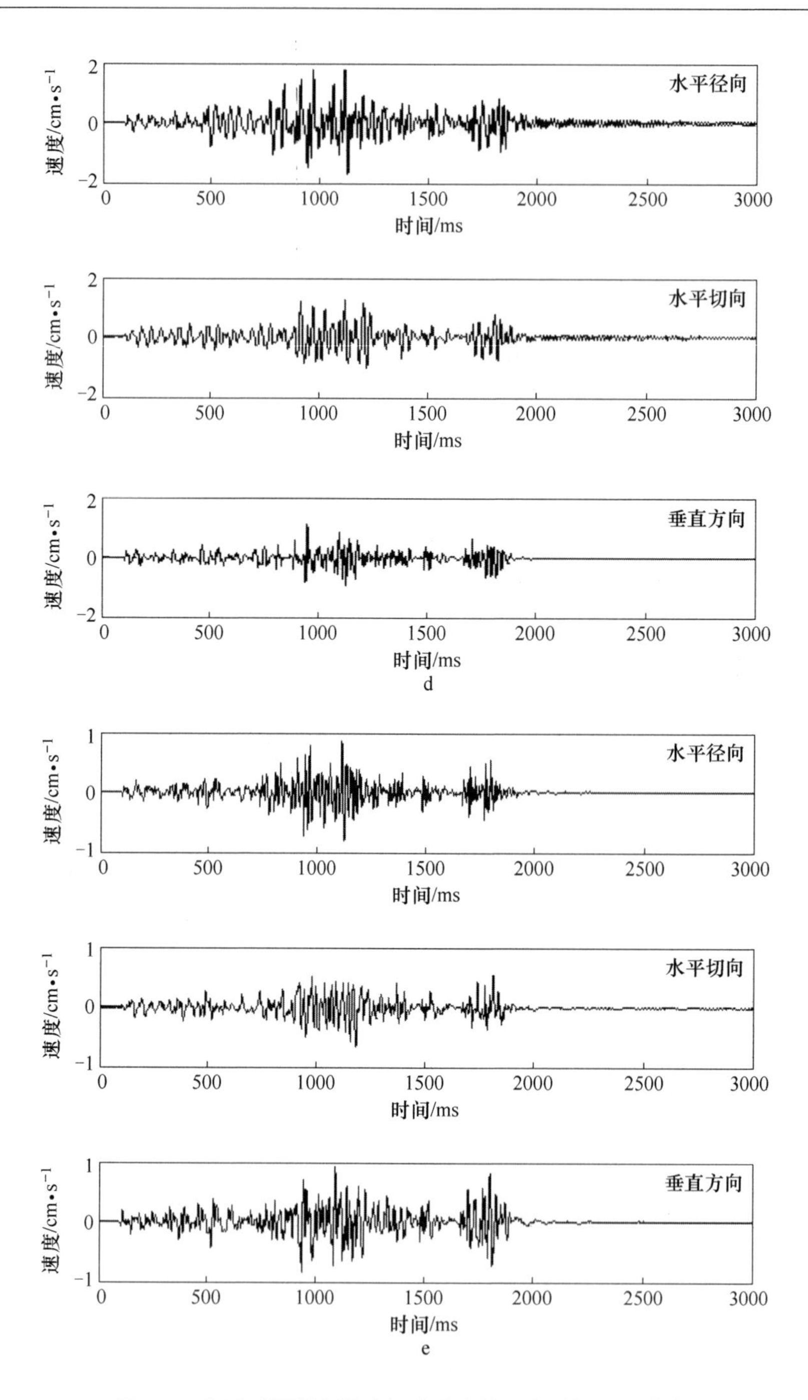

图 5-4　南区不同距离爆破振动速度的三向时间历程曲线

a—56.5m；b—70.1m；c—85.4m；d—99.5m；e—121.2m

表 5-1 北区不同距离质点峰值振动速度

距离/m	速度/cm · s^{-1}			
	水平径向	水平切向	垂直方向	矢量和
40. 5	3. 49	6. 28	6. 38	9. 61
57. 1	2. 95	4. 69	2. 5	6. 08
68. 6	1. 88	2. 2	1. 42	3. 22
88. 7	1. 41	0. 88	1. 15	2. 02
109. 5	0. 6	0. 45	0. 58	0. 95

表 5-2 南区不同距离质点峰值振动速度

距离/m	速度/cm · s^{-1}			
	水平径向	水平切向	垂直方向	矢量和
5. 22	5. 32	5. 53	9. 28	5. 22
3. 31	4. 49	4. 02	6. 88	3. 31
1. 99	1. 88	1. 82	3. 29	1. 99
1. 97	1. 35	1. 24	2. 69	1. 97
0. 92	0. 82	0. 96	1. 56	0. 92

根据公式（5-28）计算出各监测点爆破地震波的能量如表 5-3、表 5-4 所示。

表 5-3 北区不同距离爆破地震波能量

距离/m	能量/MJ			
	水平径向	水平切向	垂直方向	矢量和
40. 5	21. 63	30. 44	25. 74	77. 81
57. 1	24. 81	17. 19	12. 36	54. 36
68. 6	17. 77	8. 68	7. 3	33. 75
88. 7	14. 96	4. 75	2. 57	22. 28
109. 5	4. 32	3. 25	6. 63	14. 2

表 5-4 南区不同距离爆破地震波能量

距离/m	能量/MJ			
	水平径向	水平切向	垂直方向	矢量和
56. 5	59. 31	38. 2	46. 28	143. 79
70. 1	33. 92	44. 86	23. 38	102. 16
85. 4	29. 69	20. 9	10. 16	60. 75
99. 5	18. 83	22. 39	8. 3	49. 52
121. 2	13. 14	6. 65	6. 19	25. 98

5.5　能量衰减公式与萨道夫斯基公式的对比分析

5.5.1　质点峰值速度的回归分析

本次实验中记录了各监测点三向分量的振动速度的历程曲线，为了降低数据的误差，使回归分析结果的线性相关性更高，采用了质点峰值振动速度的矢量和作为输入数据进行线性拟合分析。将表 5-1 中北区的爆破各监测点的爆心距、质点峰值振动速度的矢量和以及最大单响药量，分别输入 origin8.0 软件进行线性回归拟合分析，得到洪水台平场工程北区爆破振动质点峰值速度的回归分析结果如图 5-5 所示。

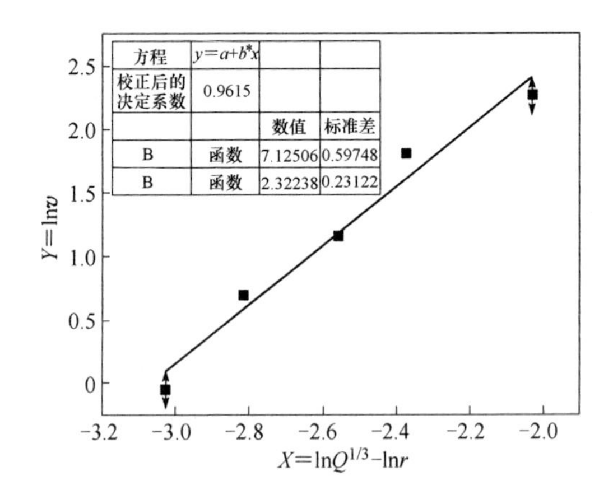

图 5-5　北区质点峰值振动速度的回归结果

从图 5-5 所示线性回归结果可以得出：北区爆破萨道夫斯基公式的相关系数为 0.9615，k、α 分别为 1242.72、2.32。由此建立北区爆破质点峰值振动速度的萨道夫斯基公式为：

$$v = 1242.72 \times \left(\frac{Q^{1/3}}{r}\right)^{2.32} \tag{5-45}$$

将表 5-2 中南区爆破各监测点的爆心距、质点峰值振动速度的矢量和以及最大单响药量，分别输入 origin8.0 进行线性回归拟合分析，得到南区爆破质点峰值振动速度的回归分析结果如图 5-6 所示。

从图 5-6 所示线性回归结果可以得出：南区爆破萨道夫斯基公式的相关系数为 0.9723，k、α 分别为 1919.65、2.40。由此建立南区爆破质点峰值振动速度的萨道夫斯基公式为：

$$v = 1919.65 \times \left(\frac{Q^{1/3}}{r}\right)^{2.40} \tag{5-46}$$

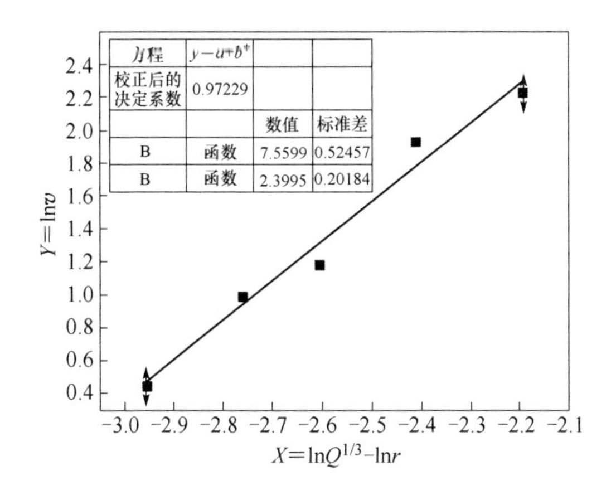

图 5-6 南区质点峰值速度的回归结果

5.5.2 爆破地震波能量的回归分析

在对爆破地震波能量衰减公式进行线性回归分析之前，应对地震波能量的衰减公式进行线性处理，将式（5-44）两边求对数得：

$$\ln E_s = \ln\eta + \ln E_e + (-\alpha r) \tag{5-47}$$

令 $y = \ln E_s$，$x=r$，$a =-\beta$，$b = \ln\eta + \ln E_e$，则公式（5-47）可表示为：

$$y = ax + b \tag{5-48}$$

根据表 5-3 中数据计算出 x、y 的值。再将其输入数据计算机绘图软件 origin8.0 进行线性回归拟合分析，得到北区爆破地震波能量衰减的回归分析结果如图 5-7 所示。

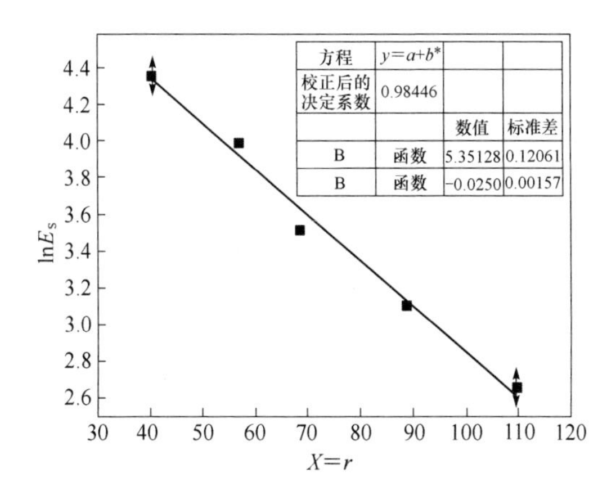

图 5-7 北区地震波能量的回归结果

从图 5-7 所示地震波能量的回归结果可以得到：北区爆破地震波能量衰减公式的线性相关性为 0.9845，a、b 值分别为-0.0250、5.35128。计算得到 $\beta=-a=0.025$，$\eta=\dfrac{e^{b}}{E_{e}}\times 100\%=3.89\%$，代入式（5-48），得到北区爆破地震波能量的衰减公式为：

$$E_{s}=3.89\%E_{e}e^{-0.025r} \tag{5-49}$$

根据表 5-4 中数据计算出 x、y 的值。再将其输入数据计算机绘图软机 origin8.0 进行线性回归拟合分析，得到南区爆破地震波能量衰减的回归分析结果如图 5-8 所示。

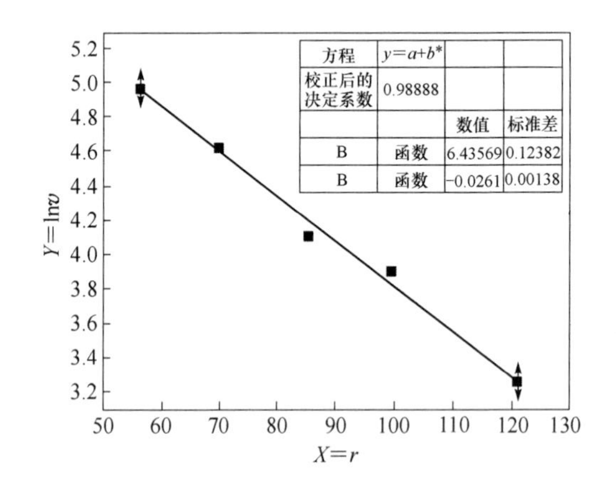

图 5-8　南区地震波能量的回归结果

从图 5-8 所示地震波能量的回归结果可以得到：南区爆破地震波能量衰减公式的线性相关性为 0.9889，a、b 值分别为-0.0261、6.43269。计算得到 $\beta=-a=0.0261$，$\eta=\dfrac{e^{b}}{E_{e}}\times 100\%=6.16\%$，代入式（5-48），得到南区爆破地震波能量的衰减公式为：

$$E_{s}=6.16\%E_{e}e^{-0.026r} \tag{5-50}$$

5.5.3　回归结果的对比分析

南北两区爆破地震波能量衰减公式的线性回归相关性系数分别为 0.9889、0.9845；南北两区质点峰值振动速度的萨道夫斯基公式的线性回归相关性系数分别为 0.9723、0.9615。线性回归相关性系数都大于 0.95，且爆破地震波能量衰减公式的线性回归相关性系数比萨道夫斯基公式的高，这说明采用爆破地震波能量衰减公式对不同距离爆破地震波能量进行预报是可行的，能量衰减公式可以作为爆破地震波能量的预测公式。

通过南北两区爆破地震波能量衰减公式的对比分析可以看出：南区爆破时炸药能量转换为爆破地震波能量的百分比为 6.16%，高于北区的 3.89%。两个爆区的爆破参数和起爆方式相同，场地条件也基本相同，只是总药量和炮孔总数不同，这说明总药量和炮孔总数不仅对爆破后地震波能量的总能量有影响，还对爆破地震波能量的转换率有影响。这种影响主要是因为采用毫秒延时爆破时，后排孔是在没有补偿空间的情况下起爆的，相当于挤压爆破。前排孔推不出去，或者由于雷管延时误差影响导致后排孔比前排孔先爆，都会使后排孔在爆破时受到的夹制作用增大，从而增大地震波能量的转换率。此外，后爆炮孔在爆破瞬间产生的岩体分散的初始动能，在挤压碰撞过程中，除了一部分能量转换为岩体破碎所需的表面能之外，还有一部分能量转换为弹性势能储存在岩体中，随后以地震波的形式在岩体中传播，这也增大了地震波能量的转换率。

因此，爆破地震波强度不仅仅与药量有关，还与爆源其他因素有关，通过 η 值的变化可以分析爆源因素对爆破地震波能量的影响，为评判不同爆破方法的降振效果提供了一种新方法。

5.6 小结

本章对爆破地震波能量的计算方法进行了探讨，研究了爆破地震波能量的衰减规律，建立了爆破地震波能量的衰减公式，并结合实际工程，对爆破地震波能量的衰减公式和萨道夫斯基公式进行了对比分析。主要得出以下结论：

（1）与基于信号分析的能量计算方法相比，基于能通量的爆破地震波能量计算方法考虑了因波阵面扩大而产生的质点地震波能量稀释的现象。在研究爆破地震波能量衰减规律时，采用此方法计算爆破地震波的能量，不会将传播介质对爆破地震波的阻尼耗散作用与波阵面扩大对质点能量的稀释作用混为一谈，从而大大降低了能量衰减系数的计算误差，提高了能量衰减公式的预报精度。

（2）研究了爆破地震波能量的衰减规律，建立了爆破地震波能量的衰减公式，并结合工程实例对爆破地震波能量的衰减公式和萨道夫斯基公式进行了对比分析。分析结果表明：对同等条件的爆破数据，采用爆破地震波能量的衰减公式进行拟合分析的线性相关性比萨道夫斯基公式高，说明采用爆破地震波能量的衰减公式对地震波强度进行预报是可行的，为爆破地震波能量的预报提供了预测公式。

（3）南北两区爆破地震波能量衰减公式的对比分析表明：总药量和炮孔数不仅对爆破后地震波的总能量有影响，还对地震波能量的转换率有影响。通过 η 值的变化可以分析爆源因素对爆破地震波能量的影响，为评判不同爆破方法的降振效果提供了一种新方法。

6　台阶爆破毫秒延时降振原理研究

6.1　引言

对于毫秒延时降振原理的研究，目前尚缺乏一个比较系统和完善的理论。早期的研究主要受制于人们对爆破振动危害效应认识的局限性，只从振动幅值上进行考虑，提出了两种不同的降振理论：（1）采用一定的毫秒延期间隔时间，使两个波形相差不大的地震波相互干涉，波峰与波谷相互叠加而实现降振的目的；（2）认为地震波的波形变化较大，是一个随机的波形，在实际工程中很难实现干扰降振，因此建议采用较大的毫秒延期间隔时间，使各段爆破地震波相互隔开，互不干涉，通过减少一次起爆药量进行降振。这两种理论都存在一定的道理，在实际工程中也都取得了良好的降振效果，但也存在一些问题。随着对爆破振动危害效应的不断认识，人们发现爆破振动的主振频率和持续时间等都对爆破振动的危害效应产生影响，单纯的降低爆破振动的幅值强度只是降低爆破振动危害效应的一个方面。有时甚至会出现虽然振动幅值的危害作用降低了，但是主振频率和持续时间的危害作用却增强了，从而使爆破地震波总的危害效应增大的现象。因此需要系统地研究毫秒延时对爆破振动“三要素”的影响，为毫秒延期时间的选取提供理论依据。

近年来，与台阶爆破相关的岩石力学和振动力学理论也都出现了新的进展，采用能量原理对岩体损伤、爆破地震波传播、建构筑物受振破坏的研究成为一种新的趋势。本章将在现有理论的基础上，结合振动力学和岩石力学的相关理论对中深孔毫秒延时爆破的降振原理进行系统研究。

6.2　基于波形叠加的地震波干扰降振原理

6.2.1　频率幅值相同的地震波的干扰降振原理

假设有两列频率和幅值都相同而相位角不同的波沿相同方向传播发生叠加，如图 6-1 所示，设其频率都为 ω，两列波的周期都为 $2\pi/\omega$，相位角分别为 φ_1、φ_2，为简化分析，取 $0 \leqslant \varphi_1 < \varphi_2 < 2\pi/\omega$，两个波形相同、相位角不同的波可用正弦函数表示为：

$$x_1 = A\sin(\omega t - \varphi_1) \tag{6-1}$$

$$x_2 = A\sin(\omega t - \varphi_2) \tag{6-2}$$

叠加组合后有：

$$x = x_1 + x_2 = A\sin(\omega t - \varphi_1) + A\sin(\omega t - \varphi_2) \tag{6-3}$$

根据三角函数的和差化积公式，对式（6-3）进行和差化积得到：

$$x = x_1 + x_2 = 2A\sin(\omega t - \frac{\varphi_1 + \varphi_2}{2})\cos(\frac{\varphi_2 - \varphi_1}{2}) \tag{6-4}$$

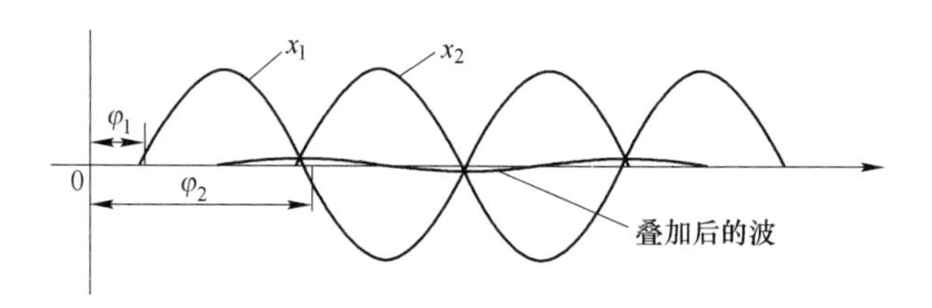

图 6-1 频率振幅相同的波的叠加

由式（6-4）可以看出，两列振幅和频率都相同的波叠加后波形的振幅为：$\left|2A\cos(\frac{\varphi_2 - \varphi_1}{2})\right|$，相位角为 $\frac{\varphi_1 + \varphi_2}{2}$，叠加后波的频率与叠加前单个波的频率是一样的，频率没有发生畸变，叠加后波的相位相当于叠加前两列波相位的中间位置。虽然波的频率没有发生改变，但是波的强度振幅却发生了改变，叠加后波的振幅在 0~2A 之间，其值取决于叠加前两列波的相位差。当 $\left|\cos(\frac{\varphi_2 - \varphi_1}{2})\right| > \frac{1}{2}$ 时，叠加后波的幅值得到了增强；当 $\left|\cos(\frac{\varphi_2 - \varphi_1}{2})\right| < \frac{1}{2}$ 时，叠加后波的幅值小于叠加前单个波的幅值，两列波在叠加时发生了干扰相消的现象，此时两列波的相位差应满足：

$$4n\pi + \frac{2\pi}{3} < \varphi_2 - \varphi_1 < 4n\pi + \frac{4\pi}{3}$$

$$\text{或 } 4n\pi + \frac{8\pi}{3} < \varphi_2 - \varphi_1 < 4n\pi + \frac{10\pi}{3} \quad (n = 1, 2, 3, \cdots) \tag{6-5}$$

如果将两列波的相位差看成是由波形相同的两列波到达观测点的时间差 Δt 引起的，则

$$\varphi_2 - \varphi_1 = \omega\Delta t = 2\pi\Delta t/T \tag{6-6}$$

将式（6-6）带入式（6-5）有：

$$2nT + \frac{T}{3} < \Delta t < 2nT + \frac{2T}{3}$$

$$\text{或 } 2nT + \frac{4T}{3} < \Delta t < 2nT + \frac{5T}{3} \quad (n = 1, 2, 3, \cdots) \tag{6-7}$$

当两列波形相同的波到达观测点的间隔时间满足式（6-7）的要求时，两列波会发生比较明显的干扰相消现象，叠加后波的幅值小于叠加之前单个波的幅值。因此，很多学者认为在毫秒延时爆破中，当相邻炮孔的延期时间满足式（6-7）的条件时，两个炮孔所产生的地震波会发生干扰相消现象，从而取得良好的降振效果。并对工程实践中由于孔间距引起的相邻炮孔所产生的地震波到达观测点的时间差 Δt_1 进行了考虑，由孔间距所造成的地震波达到观测点的时间差 Δt_1 可按下式计算：

$$\Delta t_1 = \frac{|S_1 - S_2|}{c} \tag{6-8}$$

式中，S_1、S_2分别为相邻炮孔到观测点的距离；c 为地震波的横波波速。因此实际工程中，相邻炮孔的最佳毫秒延期时间为 $\Delta t + \Delta t_1$，即实际工程中相邻炮孔毫秒延时间隔应满足：

$$2nT + \frac{T}{3} - \frac{|S_1 - S_2|}{c} < \Delta t < 2nT + \frac{2T}{3} - \frac{|S_1 - S_2|}{c}$$

$$\text{或}\ 2nT + \frac{4T}{3} - \frac{|S_1 - S_2|}{c} < \Delta t < 2nT + \frac{5T}{3} - \frac{|S_1 - S_2|}{c} \quad (n = 1,\ 2,\ 3,\ \cdots) \tag{6-9}$$

实际工程中，考虑到多个段位顺序起爆或采用逐孔起爆时，延期时间不可能无限大，因此，延期时间应在满足波形干扰相消条件的前提下尽可能的短，此时最佳的延期时间为：

$$\frac{T}{3} - \frac{|S_1 - S_2|}{c} < \Delta t < \frac{2T}{3} - \frac{|S_1 - S_2|}{c}\ \text{或}\ \frac{4T}{3} - \frac{|S_1 - S_2|}{c} < \Delta t < \frac{5T}{3} - \frac{|S_1 - S_2|}{c} \tag{6-10}$$

6.2.2　频率对波形叠加相干性的影响分析

上述是对两列频率和幅值都相同的地震波相互叠加组合后干扰相消现象的讨论，并通过计算给出了取得干扰相消现象的间隔时间的取值范围，是对频率相同的地震波干扰相消现象进行的讨论。但是，在实际台阶爆破工程中，影响爆破地震波频率的因素很多，且爆破地震波在介质中的传播过程也很复杂，相邻炮孔所产生的地震波不可能为频率完全相同的简谐波，因此必须对不同频率的爆破地震波的相干性进行讨论。为此，引入了平面波的概念，研究频率对两列波叠加相干性的影响。

设两列波在观测点处的表达式分别为：

$$\psi_1(x,\ t) = A_1\cos(\omega_1 t - k_1 r_1 + \varphi_1) \tag{6-11}$$

$$\psi_2(x,\ t) = A_2\cos(\omega_2 t - k_2 r_2 + \varphi_2) \tag{6-12}$$

式中，A_1、A_2、ω_1、ω_2、φ_1、φ_2、k_1、k_2 分别为两列波的振幅、角频率、初相位和波矢；r_1、r_2 分别为两列波的波源到观测点的距离。式（6-11）和式（6-12）的复数形式可分别表示为：

$$\psi_1(x, t) = A_1 e^{i(\omega_1 t - k_1 r_1 + \varphi_1)} \tag{6-13}$$

$$\psi_2(x, t) = A_2 e^{i(\omega_2 t - k_2 r_2 + \varphi_2)} \tag{6-14}$$

根据波的叠加原理，它们叠加后合成的波为：

$$\psi(x, t) = \psi_1(x, t) + \psi_2(x, t) \tag{6-15}$$

两列波叠加后的强度正比于其振幅的平方或复振幅与其共轭的乘积。因此叠加后波的强度等于 $\psi(x, t)$ 的复数形式与其共轭的乘积，叠加后波的强度为：

$$\begin{aligned} I &= |\psi(x, t)| = \psi_1(x, t)\psi_2(x, t) \\ &= [\psi_1(x, t) + \psi_2(x, t)][\psi_1^*(x, t) + \psi_2^*(x, t)] \\ &= A_1^2 + A_2^2 + 2\psi_1(x, t)\psi_2(x, t)\cos\sigma \end{aligned} \tag{6-16}$$

其中 $\sigma = (\omega_1 t - \omega_2 t + k_2 r_2 - k_1 r_1 + \varphi_1 - \varphi_2)$ 为两列波的相位差，设两列波到观测点的振动方向的夹角为 θ，则公式（6-16）可变为：

$$I = A_1^2 + A_2^2 + 2A_1 A_2 \cos\theta\cos\sigma \tag{6-17}$$

式（6-17）为两列地震波波形叠加后强度的一般表达式。设两列波叠加之前的强度分别为 $I_1 = A_1^2$、$I_2 = A_2^2$，并设 $I_{12} = 2A_1 A_2 \cos\theta\cos\sigma$，则式（6-17）可变为：

$$I = I_1 + I_2 + I_{12} \tag{6-18}$$

式中，I_{12} 为两列波叠加的相干项，若 $I_{12} \neq 0$，则两列波的叠加为相干叠加，叠加后波的强度可能大于或小于等于两列波叠加之前单列波产生的强度；若 $I_{12} = 0$，则两列波的叠加为不相干叠加，叠加后波的强度为两列波叠加之前产生的强度之和。

下面分析频率对波形叠加相干性的影响。为方便问题的分析，令 $\Delta\varphi = k_2 r_2 - k_1 r_1 + \varphi_1 - \varphi_2$。于是式（6-17）可变为：

$$I_{12} = 2A_1 A_2 \cos\theta\cos[(\omega_1 - \omega_2)t + \Delta\varphi] \tag{6-19}$$

在实际观测中，波的强度总是在较长时间 τ 内的平均强度，且 τ 总是远远大于波的振动周期，则相干项在时间 τ 内的平均强度为：

$$\overline{I_{12}} = \frac{1}{\tau}\int_0^\tau I_{12}\mathrm{d}t = \frac{1}{\tau}\int_0^\tau 2A_1 A_2 \cos\theta\cos[(\omega_1 - \omega_2)t + \Delta\varphi]\mathrm{d}t \tag{6-20}$$

如果两列波的频率不同，由式（6-20）可以计算出相干项在积分时间内的平均强度为 0，则两列频率不同的波的叠加为不相干叠加，叠加后波的强度为叠加前两列波的强度之和。如果两列波的频率相同，即 $\omega_1 = \omega_2$，将其代入式（6-20）得：

$$\overline{I_{12}} = 2A_1 A_2 \cos\theta\cos\Delta\varphi \tag{6-21}$$

由式（6-21）可以看出，方向不互相垂直的两列频率相同的波的叠加为相干叠加，此时叠加后的波的强度可能大于也可能小于等于叠加之前单列波产生的强度。

6.2.3　干扰降振原理的实用性探讨

通过频率对波形叠加相干性的影响分析不难发现，只有频率相同的波形相互叠加才有可能出现干扰相消的现象，而频率不同的波形相互叠加不会出现干扰相消的现象。在台阶爆破工程中，爆破地震波的频率受到多种因素的影响，相邻炮孔地震波的频率很难完全相同，即使在相同条件下也很难取得频率一致的爆破地震波，从这个角度来看就很难实现相邻炮孔地震波的干扰相消。但是爆破地震波又是一个复杂的合成波，对其进行傅里叶级数分解，可以得到不同频率的爆破地震波的谐波分量，这样，具有相同频率的地震波的谐波分量就会发生两两干扰相消，从而起到干扰降振的目的。但是此方法也存在一个问题，就是根据式（6-7）计算出来的不同频率谐波分量的地震波干扰相消的最佳延期间隔时间不同，也就是说不能选取一个最佳的毫秒延期间隔时间同时使地震波所有频率的谐波分量都产生干扰相消的现象，所以在实际工程中，也就无法实现地震波干扰叠加后波形相消为零的现象，但是却总能出现某个频率相同的谐波分量的干扰相消现象。在毫秒延时爆破中，各炮孔的地震波相互叠加后总有一定的干扰谐波分量发生干扰相消现象，起到干扰降振的目的，而为了实现干扰降振效果的最优化，我们可以通过单孔爆破地震波的频谱分析，选择谐波分量最大的频率作为爆破地震波的主振频率来计算最优的毫秒延期间隔时间，以实现最优的干扰降振效果。

薛孔宽等从概率论的角度进行考虑，指出越多的地震波干扰叠加，发生干扰相消的概率越大。在两列地震波的相互叠加过程中必然存在着正向叠加增强和逆向抵消减弱的两种现象，并认为两列爆破地震波正向叠加增强的概率 P_2 为 50%，三列爆破地震波合成后叠加增强的概率 P_3 为（50%）^{2}，相应的 n 段毫秒延时爆破地震波合成后叠加增强的概率为：

$$P_n = 0.5^{(n-1)} \tag{6-22}$$

并通过式（6-22）指出，毫秒延时段数越多，地震波发生叠加增强的概率越小。因此，应尽量增加毫秒延时起爆的段数，条件允许的情况下，可采用逐孔起爆技术，提高干扰降振的效果。同时，在实际工程中应根据现场监测的单孔爆破地震波的频谱特性和相邻炮孔与观测点的位置情况来选择满足最优降振效果的毫秒延期间隔时间。

6.3　基于频谱叠加的毫秒延时压制降振原理

6.3.1　爆破地震波谱值叠加的原理

在实际工程中，台阶毫秒延时爆破所产生的地震波对于某一观测点来说，可以近似地看成是振动波形和振幅都一样、相对时差为 Δt 的 n 个波形的叠加组合。设第 1 个波形的振动函数为 $f(t)$ ，则第 2 个波形的振动函数为 $f(t-\Delta t)$ ，同理，第 n 个波形的振动函数为 $f[t-(n-1)\Delta t]$，则到达观测点的地震波函数 $F(t)$ 为：

$$F(t)=f(t)+f(t-\Delta t)+f(t-2\Delta t)+\cdots+f[t-(n-1)\Delta t] \tag{6-23}$$

设地震波函数 $f(t)$ 的傅里叶谱为 $g(j\omega)$ ，根据频谱定理中的时延定理，则有 $f(t-\Delta t)$ 的傅里叶谱为 $g(j\omega)\mathrm{e}^{-j\omega\Delta t}$ ，以此类推，$f[t-(n-1)\Delta t]$ 的傅里叶谱为 $g(j\omega)\mathrm{e}^{-(n-1)j\omega\Delta t}$ ，得到到达观测点的地震波的傅里叶谱 $G(j\omega)$ 为：

$$\begin{aligned}G(j\omega)&=g(j\omega)+g(j\omega)\mathrm{e}^{-j\omega\Delta t}+g(j\omega)\mathrm{e}^{-2j\omega\Delta t}+\cdots+\\&\quad g(j\omega)\mathrm{e}^{-(n-1)j\omega\Delta t}\\&=g(j\omega)(1+\mathrm{e}^{-j\omega\Delta t}+\mathrm{e}^{-2j\omega\Delta t}+\cdots+\mathrm{e}^{-(n-1)j\omega\Delta t})\end{aligned} \tag{6-24}$$

式（6-24）等号右边括号内的数列是一个等比数列，且其求和结果也是 ω 的函数，因此可将其和函数记为 $K(j\omega)$ ，对其进行求和得到：

$$\begin{aligned}K(j\omega)&=1+\mathrm{e}^{-j\omega\Delta t}+\mathrm{e}^{-2j\omega\Delta t}+\cdots+\mathrm{e}^{-(n-1)j\omega\Delta t}\\&=\sum_{0}^{n-1}\mathrm{e}^{-j\omega i\Delta t}=\frac{1-\mathrm{e}^{-nj\omega\Delta t}}{1-\mathrm{e}^{-j\omega\Delta t}}\end{aligned} \tag{6-25}$$

为简便起见，令 $\Delta\varphi=-\omega\Delta t$ ，则式（6-25）可简化为：

$$K(j\omega)=\frac{1-\mathrm{e}^{jn\Delta\varphi}}{1-\mathrm{e}^{j\Delta\varphi}} \tag{6-26}$$

化简后得：

$$K(j\omega)=\frac{\sin\dfrac{n\Delta\varphi}{2}}{\sin\dfrac{\Delta\varphi}{2}}\mathrm{e}^{j\frac{n-1}{2}\Delta\varphi} \tag{6-27}$$

将式（6-27）代入式（6-24）得到到达观测点的地震波波形的傅里叶谱为：

$$G(j\omega)=g(j\omega)K(j\omega)=g(j\omega)\frac{\sin\dfrac{n\Delta\varphi}{2}}{\sin\dfrac{\Delta\varphi}{2}}\mathrm{e}^{j\frac{n-1}{2}\Delta\varphi} \tag{6-28}$$

式（6-28）为波形叠加组合后的傅里叶谱值的表达式，叠加后的强度变化由函数 $K(j\omega)$ 决定。波的这种组合叠加特性也可以视为一个滤波的过程，这个滤波器的系统特性就是函数 $K(j\omega)$ ，其幅值特性为：

$$|K(j\omega)|=\left|\frac{\sin\dfrac{n\Delta\varphi}{2}}{\sin\dfrac{\Delta\varphi}{2}}\right| \tag{6-29}$$

相位特性为：

$$\theta(\omega)=\frac{n-1}{2}\Delta\varphi \tag{6-30}$$

进一步分析式（6-27）可以看出，函数 $K(j\omega)$ 与信号的形状无关，与信号的到达时间也无关，只与信号的频率、波形叠加组合的次数以及相对时差 Δt 有关。其在台阶毫秒爆破中的物理意义为：由观测点得到的爆破地震波的强度与起爆段数、相邻段位延期时间以及爆破地震波的频率有关。下面分析这三者对叠加后爆破地震波强度的影响。

设 $y=|K(j\omega)|=\left|\dfrac{\sin\dfrac{n\Delta\varphi}{2}}{\sin\dfrac{\Delta\varphi}{2}}\right|$，则 y 为在观测点处测得的叠加组合后地震波的傅里叶谱值与组合叠加前单个地震波傅里叶谱值的比值。通过 y 值的大小，可以分析波形叠加组合的压制降振效果。当 $y>1$ 时，叠加组合后的爆破地震谱值大于叠加组合前单个地震波的谱值，此时地震波得到叠加增强；当 $y<1$ 时，叠加后的爆破地震波的谱值小于叠加组合之前单个地震波的谱值，此时叠加后的地震波得到压制减弱。因此，台阶毫秒延时爆破技术的降振效果可以用 y 值进行表示。毫秒延时爆破的降振效果与延期段数、毫秒延期时间、地震波的频率有关，可分别假定其中一个因素不变，对其他因素的影响进行分析。

6.3.2　特定频率地震波叠加的谱值分析

假设地震波的频率不变，只研究某一频率的谐波分量的组合效果，此时的 y 值所反映的就是起爆段数 n（叠加次数）和延期时间 Δt 对降振效果的影响。为方便分析，令 $x=\dfrac{\Delta t}{T}$，则 $\Delta\varphi=-\omega\Delta t=-\dfrac{2\pi\Delta t}{T}=-2\pi x$，则 y 为：

$$y=|K(j\omega)|=\left|\frac{\sin\dfrac{n\Delta\varphi}{2}}{\sin\dfrac{\Delta\varphi}{2}}\right|=\left|\frac{\sin n\pi x}{\sin\pi x}\right| \tag{6-31}$$

根据前面讨论，延期时间 Δt 取值应小于波的振动周期 T，即 $0<\Delta t<T$，则 x 的取值范围为 $0<x<1$，按式（6-31）绘出不同起爆段数的延期时间与降振效果的关系函数，如图 6-2 所示。

由图 6-2 可以看出：当某一特定频率的谐波分量进行叠加组合时，毫秒延期时间 Δt 与地震波周期的比值 x 对降振效果有很大的影响。当比值 x 很小时，叠加后的爆破地震波的谱值比叠加前的单个地震波谱值大；随着延期时间的增加，叠加后的地震波的谱值迅速衰减；比值 x 继续增大，叠加后的爆破地震波的谱值

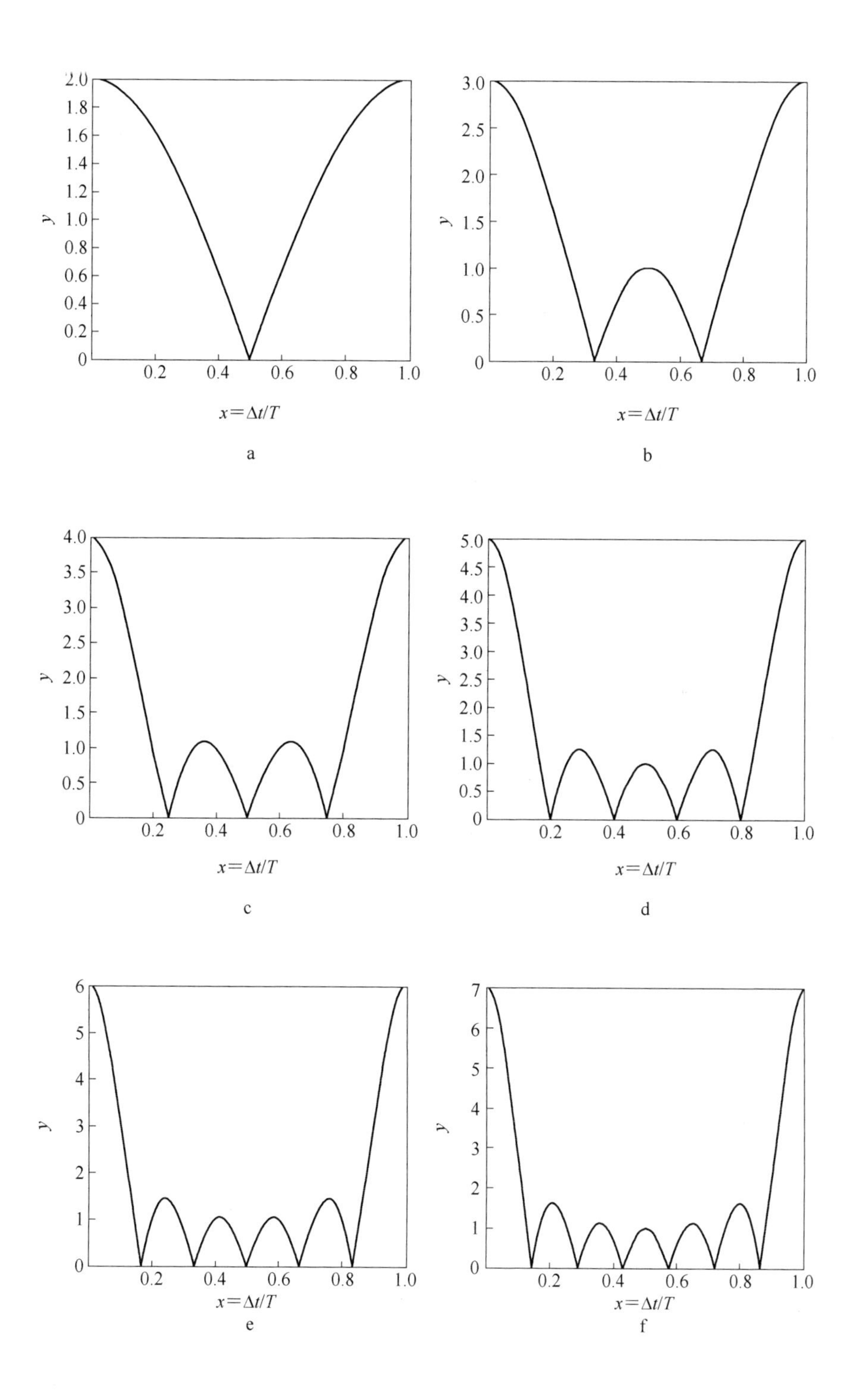

a

b

c

d

e

f

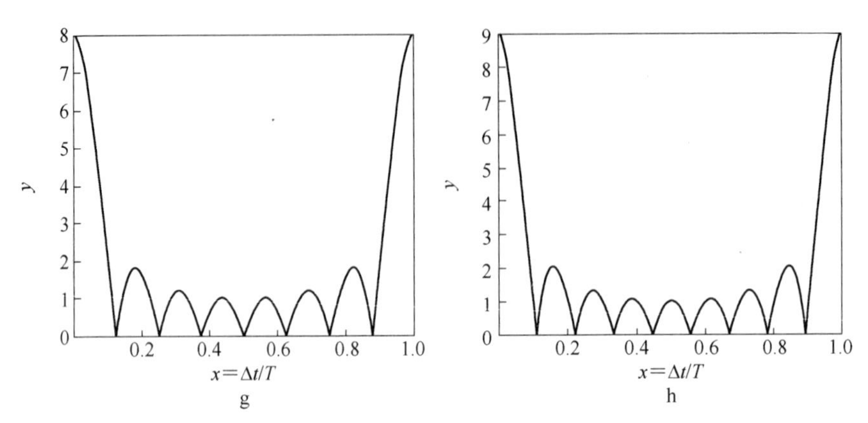

图 6-2　不同段数的延期时间与降振效果的关系图

a—$n=2$；b—$n=3$；c—$n=4$；d—$n=5$；e—$n=6$；f—$n=7$；g—$n=8$；h—$n=9$

在一定范围内呈周期变化，并能起到不同程度的压制降振效果；当比值增大到接近 1 时，叠加后的爆破地震波的谱值又迅速增加。当延期时间 Δt 为 0 或者 T 时，叠加后的爆破地震波的谱值最大，为叠加之前所有地震波的谱值之和；当延期时间 Δt 为 T/n、$2T/n$、…、$(n-1)\ /T$ 时叠加后的爆破地震波的谱值为零，此时爆破地震波叠加组合的压制降振效果最好。

对比不同段数的延期时间与降振效果的关系图，不难发现延期段数也对爆破效果产生影响。主要表现为：段数越多，取得良好压制降振效果的毫秒延期间隔时间 Δt 与波的周期的比值 x 的取值越宽泛。在实际工程中，爆破地震波的振动周期往往具有较大的随机性，很难给出一个准确的定值，进而影响到最优延期时间选取。而增加起爆段数能够增大延期时间取值范围，这种特性无疑将有利于降振效果的提高。因此，在工程允许的情况下应尽量增加毫秒延时的段数，以取得良好的压制降振效果。

以上是在频率一定时，毫秒延期时间、延期段数对降振效果影响的讨论。虽然是从地震波的角度出发，但经过傅里叶变换后，其结论实际上只适用于简谐波。在实际工程中，爆破地震波往往是一个复杂的波形，其频率和周期都存在较大的随机性，不具有固定的取值。但是可以将爆破地震波分解成多个不同频率的谐波分量，研究每个谐波分量叠加组合后的频谱变化情况，再对叠加组合后的简谐波进行合成，就可对总的爆破地震波的压制降振情况进行分析。因此上述理论对在实际工程中取得良好的压制降振效果具有重要的指导意义。

6.3.3　波形叠加的频率效应分析

前面讨论了频率不变的地震波叠加后的降振情况，对于平面简谐波而言，叠加后的地震波频率与叠加前单个地震波的频率是一样的，没有频率畸变。实际的爆破地震波不是简谐波，而是包含很多频率成分的脉冲波，如果相邻地震波达到观测点的间隔时间为零，那么组合后的地震波波形不会畸变，只是波形同相叠加后增加了 n 倍。但是到达观测点的地震波间隔时间很难为 0，此时叠加后的地震波就要发生畸变了。分析这种畸变的基本思路是从频谱分析的角度把地震波看成是由很多不同频率的简谐波组成的，每种频率的简谐波在叠加后的变化可以利用式（6-28）进行计算，最后再把叠加后的各种简谐波成分组合起来，就可以得到地震波在观测点处的波形。

下面考虑不同频率波形的谱值变化规律。对于固定叠加次数 n 的叠加组合，叠加后的地震波的谱值变化可用下式进行计算：

$$y = |K(j\omega)| = \left|\frac{\sin n\pi f\Delta t}{\sin\pi f\Delta t}\right| \tag{6-32}$$

取毫秒延期时间 Δt 分别为 5ms、10ms、15ms、20ms、25ms、30ms，利用式（6-32）计算出叠加后的地震波谱，以 f 为横坐标变量，y 为纵坐标变量，分别绘出叠加次数 $n=3$、$n=5$、$n=8$ 的频率特性曲线，如图 6-3 所示。

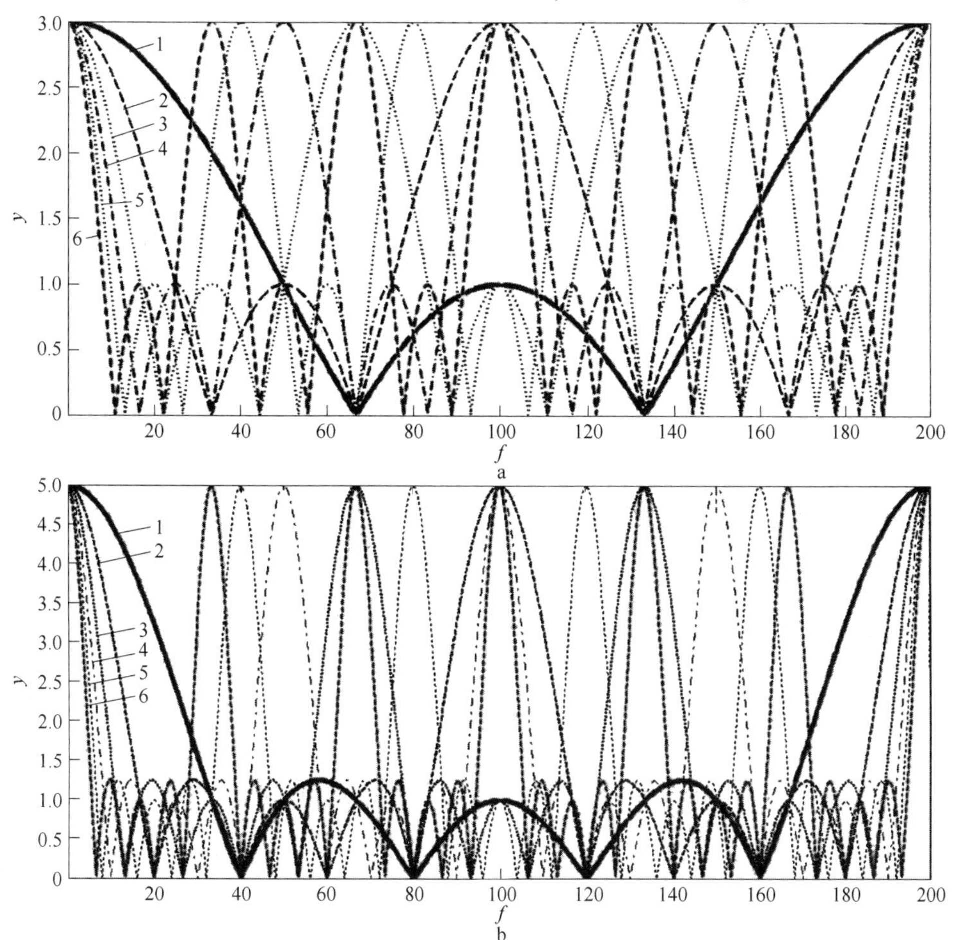

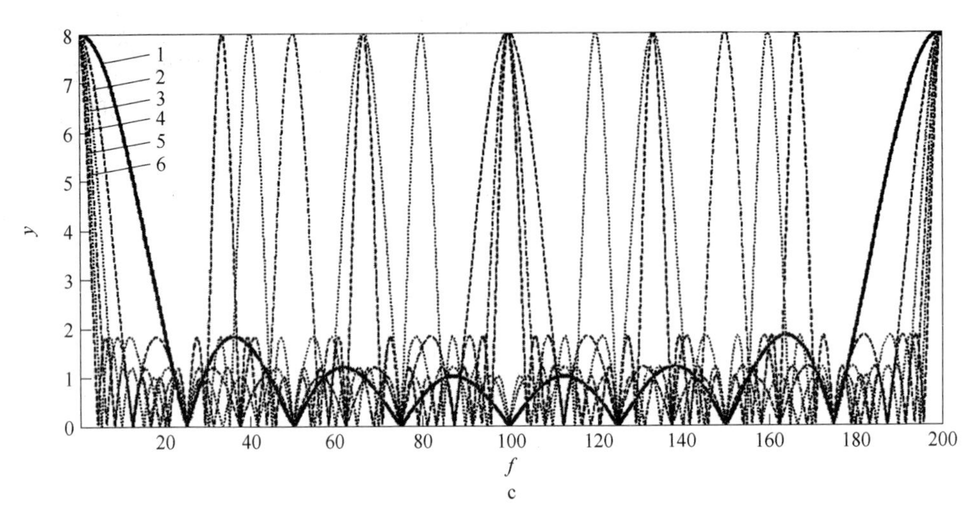

图 6-3　爆破地震波叠加的频率特性曲线图

a—叠加次数 $n=3$；b—叠加次数 $n=5$；c—叠加次数 $n=8$

从图 6-3 可以看出，叠加组合后的地震波谱值与叠加组合前的单个地震波的谱值有差异，即叠加组合后的波形发生了畸变。叠加组合对不同频率的谐波分量具有选择放大或压制作用，波形经过叠加后，某些特定优势频带的谐波分量经过叠加组合的滤波作用后谱值得到放大；反之，另外一些特定频率的谐波分量得到压制降低。当放大或压制作用的效益累积到一定程度时，叠加后爆破地震波的主振频率会发生改变。下面就叠加组合对爆破地震波不同频率谐波分量的放大或压制作用进行讨论。

6.3.3.1　叠加组合对地震波谐波分量的影响

叠加次数 n 一定时，叠加组合对地震波不同频率的谐波分量的放大或压制作用不同。随着频率的增加，压制和放大作用呈周期性变化，在每一个周期内，叠加后地震波的谱值随着频率的增加先减小再增大。其变化周期随着毫秒延期间隔时间 Δt 的增大而减小，随着毫秒延期时间 Δt 的增大，叠加组合后的地震波的频率放大带和压制带都向零点偏移，放大频带减小的同时，压制频带和总周期也随之减小。因此应根据初始地震波的频率选择合适的叠加间隔时间，从而实现最优的压制降振效果。

在实际工程中，露天深孔台阶爆破的频率一般为 10～60Hz，为了有效地控制爆破振动的危害效应，在波形叠加组合中，应重点对此频段的地震波进行压制降振。对比分析图 4-3 中的频谱特性曲线不难发现：当叠加次数 $n=3$ 时，毫秒延期时间为 15ms 和 20ms 的波形叠加对此频段的地震波压制作用最好；当叠加次数 $n=5$ 时，毫秒延期时间为 15ms 的波形叠加对此频段的地震波压制作用最好，10ms、20ms 次之；当叠加次数 $n=8$ 时，10ms、15ms 的波形叠加都能很好地对此频段的地震波进行压制，20ms 次之。

随着叠加次数的增大，满足条件的毫秒延期时间的取值范围有扩大趋势，最优间隔时间有变小趋势。对于单孔地震波频率范围在 10~60Hz 的台阶毫秒延时爆破，为取得良好的降振效果，孔间毫秒延期间隔时间以 10~20ms 为宜。延时段数少时，取大值；延时段数多时，取小值。上述是对频率在 10~60Hz 频段地震波进行压制作用的探讨，是一个较宽的频带范围，如果频带范围变小，起到压制降振作用效果的毫秒延期时间的取值范围将更为宽泛。

实际工程中，对于某个特定的工程项目，单孔地震波的主频范围较小，其最优毫秒延期时间的选取和上述探讨会有一定差距。应根据工程实测的单孔地震波的频带范围，结合地震波叠加组合的频率特性曲线，选取最优的毫秒延期间隔时间。需要注意的是，为了取得对低频地震波的压制作用，间隔时间需要取大值，此时叠加组合后频率放大带与压缩带范围都变小，两者之间转换快，对于主频丰富、频率成分较多的爆破地震波不宜采用。

6.3.3.2 叠加次数 n 对频谱特性的影响

叠加次数 n 也对叠加组合后不同频率的地震波谐波分量的谱值放大或压制作用有显著影响。在毫秒延期时间 Δt 相同的条件下，当叠加次数增大时，叠加后地震波谱值放大的频率带变窄，而地震波谱值压制降低的频率带变宽，因此增加叠加次数能够很好地改善叠加组合的降振效果。

利用以上叠加组合的这种特性，通过增加毫秒延期段数使更多频带的爆破地震波的谐波分量的谱值得到压制降低，能够取得良好的压制降振效果。因此在实际台阶爆破工程中，应尽量增加毫秒延期起爆的段数，以使更多爆破地震波的谐波分量得到压制降低，从而提高毫秒延时爆破的降振效果。条件允许时，可采用逐孔起爆技术。

此外，在工程实际中，在选择相邻炮孔波形叠加的最优延期间隔时间时，还应考虑由于相邻炮孔到观测点距离不同而导致的地震波到达观测点的时间差。应根据相邻炮孔与观测点的位置情况和单孔爆破的地震波频谱特性来选择满足降振效果最优的毫秒延期间隔时间。

6.4 基于能量理论的毫秒延时降振原理

近年来，不少学者从能量的角度研究了爆破振动对建构筑物的损伤破坏原理，并提出了基于能量的安全评判标准。事实上，不仅爆破振动对结构物的损伤破坏效应与能量有关，爆破振动的产生与传播也可以看成是一个能量在介质中的转换与传播的过程。当炸药在岩土中爆炸时，其瞬间释放的巨大能量首先转换为岩土破坏形成新的自由面所需的表面能和岩体抛移的动能。在此过程中能量迅速衰减，当不能引起岩体的破碎时，则转为为岩体的弹性势能，并以波的形式向炮孔周围传播。同时炸药的这种能量转换也伴随热辐射等其他形式的能量转换，炸药在台阶爆破中的能量转换可用以下公式表示：

$$E = E_F + E_S + E_K + E_{NM} \tag{6-33}$$

式中，E 为炸药在岩土中爆炸所释放的总能量；E_F为形成新的自由面的破碎能；E_S为爆破地震波的能量；E_K为岩体抛移的动能；E_{NM}为其他形式的能量。在台阶爆破中，一般认为单位质量炸药的做功能量为一个定值，即炸药爆炸时所释放的能量与装药量成正比。现场一般采用松动爆破，可忽略岩体抛移的动能，或将其视为变化不大的定值，其他形式的能量所占比率较小，可以忽略。炸药爆炸后的总能量则主要转为形成新的自由面的破碎能和地震波能量。因此从能量转换的角度来讲，追求良好的降振效果和提高破碎质量是一个看似矛盾实则统一的问题，也就是说增加岩体破碎的表面能，就会降低爆破地震波的能量，即控制好能量的转换形式，将能同时实现增效节能降振的目的。

在对爆破振动危害效应的研究中，我们通常所关心的是到达保护目标之前的观测点的地震波强度。在地震波到达观测点之前，地震波在岩体中是以波的形式传播的，这种波也可以视为能量的转换和传递的过程，即岩体的动能与岩体的弹性势能的相互转换。这种能量的转换过程在理想状态下是没有损耗的，但是实际上岩体并不是各向同性的均匀体，在其内部存在有大量的微裂隙、微空洞等天然缺陷，当受到外力作用时，就会存在微裂纹闭合、微裂隙扩展从而使地震波能量得到耗散。通过对这种耗散规律的研究，加强地震波能量在传递过程中的耗散，也能取得很好的降振效果。

因此从能量的角度出发，研究岩体在变形破坏过程中的能量转换与传递规律，将有助于毫秒延时降振技术的研究。

6.4.1　岩体变形破坏过程中的能量耗散与释放

在传统的弹塑性力学分析中，人们采用应力-应变来描述岩石变形破坏过程中的力学特性，并由此建立了岩石损伤破坏的本构方程。然而由于岩石是天然的地质体，其岩性结构及赋存条件和赋存环境往往表现为复杂性、多变性，并且容易受到外在因素的影响，这就导致了岩石应力-应变的非线性特点，很难用应力-应变的方式表述岩体的损伤破坏。文献研究表明岩石的破坏形态与抗压强度之间没有规律，而岩石的破碎程度与单位体积岩石所吸收的能量却存在一定的规律，能量耗散是导致岩石发生不可逆损伤的原因。

根据能量在岩体变形破坏过程中所起的作用，可以将岩体中能量的形式归纳为：与弹性变形对应的弹性势能、塑性变形对应的塑性势能、形成新的自由面所耗费的表面能、发生破坏后产生的动能、各种辐射能等，此外还有目前尚未发现的其他形式的能量。图6-4为单轴应力下岩石的应力-应变曲线，利用能量原理对其进行解释，则可将岩体的变形过程分为5个阶段：

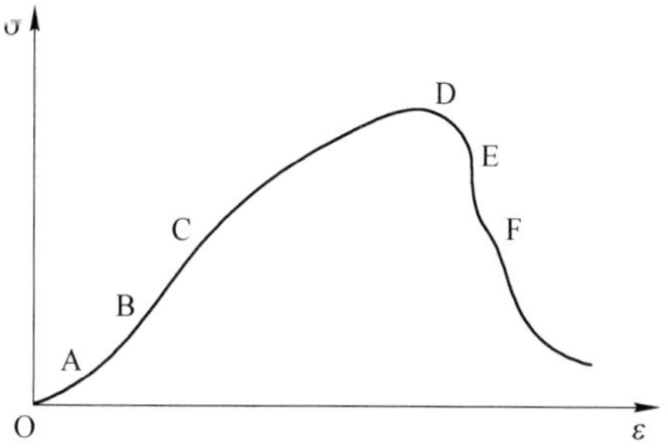

（1）压密阶段（OA）：在外载荷的作用下岩石内部的微缺陷逐步闭合，输入的能量主要转变为岩石的弹性势能储存在岩体内部，卸载时这部分能量又会释放出来。

图6-4　单轴应力下岩石的应力-应变曲线

（2）弹性阶段（AB）：此阶段为岩石的线弹性变形阶段，外载荷输入的能量转换为岩石的弹性势能。若在此阶段卸载，能量又会释放出来，而不会造成对岩石的破坏。

（3）稳定破裂发展阶段（BC）：岩石内部的微裂纹逐步稳定地发育、扩展。外载荷输入的能量除了转换为弹性势能，还转换为岩石的损伤耗散能、表面能、热能、电磁辐射、声发射能等形式的能量。卸载时只有弹性势能会释放出来。

（4）不稳定破裂发展阶段（CD）：在外载荷输入能量的持续作用下，岩石内微破裂的发展出现质的变化，弹性势能的存储减弱，各种辐射能和表面能大大增强，损伤耗散能占很大的比例。

（5）应变软化阶段（DE）：此阶段微裂纹汇合成宏观主裂纹并使岩石发生整体破坏。前期存储的弹性势能释放出来，转换成了表面能、动能等，各种辐射能增大很多。

从岩石变形过程中能量耗散与释放的5个阶段可以看出，在台阶爆破中，炸药转换为爆破地震波的能量与岩石的弹性势能有关。岩石的弹性势能越大，在炸药爆炸形成粉碎圈和破裂圈之后，储存在岩石中的能量也越大，爆炸载荷卸载后转换为地震波的能量也越大。而岩体的弹性储能又与岩体所受的围压成正比，减小岩体的围压，岩体的弹性储能降低。

在台阶爆破中，增加自由面可以大大降低岩体所受的围压，减小岩体的储能作用，从而降低爆破地震波的初始能量。因此可将药包放置在临近自由面处，既能利用应力波的反射拉伸增大岩石的破碎效果，又能很好地降低爆破地震波的初始能量。

6.4.2　排间毫秒延期间隔时间的计算

通过以上岩体变形破坏的能量转换和释放理论可以看出，在台阶爆破中，增加自由面可以有效地降低岩石在爆炸载荷作用下的弹性储能，从而起到降低爆破地震波能量的作用。因此，在实际工程中，排间毫秒延期间隔时间应以形成新的自由面所需的最小时间为宜。如前苏联学者哈努卡耶夫提出的基于先爆炮孔刚好形成爆破漏斗，且爆岩脱离岩体，形成 0. 8～1cm 宽的贯穿裂缝时所需的时间作为毫秒延期间隔时间，其计算公式为：

$$\Delta t = t_1 + t_2 + t_3 = \frac{2W}{c_p} + \frac{R}{v_{TP}} + \frac{S}{v_{CP}} \tag{6-34}$$

式中，t_1 为弹性应力波传至自由面并返回所经历的时间；t_2 为形成裂缝的时间；t_3 为破碎的岩石离开岩体的时间；W 为最小抵抗线长度，m；c_p 为岩体中纵波速度，m/s；R 为裂缝长度，m，可近似取 $R = W$；v_{TP} 为裂隙发展速度，m/s；S 为形成裂缝要求的宽度，m；v_{CP} 为孔后部岩块移动速度，m/s。

我国西南工学院的张志呈提出的毫秒延期时间的计算公式为：

$$t = t_1 + t_2 + t_3 \tag{6-35}$$

式中，t_1 为岩石处于应力状态的时间，即炮孔内爆炸反应时间，s；t_2 为沿抛出三棱体平面时装药至自由面的裂隙发展时间，s；t_3 为岩体的移动时间，s。

$$t_1 = \frac{Q}{0.78 d_c^2 \rho_c^2 D},\ t_2 = \frac{W}{\eta v_r + \cos\dfrac{\beta}{2}},\ t_3 = \frac{T_s W^2 r \tan\beta}{d_b} \tag{6-36}$$

式中，Q 为炸药量；d_c 为装药直径；ρ_c 为装药密度；D 为炸药的爆速；W 为最小抵抗线；η 为介质天然裂隙的系数，一般取 0. 6～0. 9；v_r 为爆破时裂隙的发展速度，一般为 1000～1500m/s；β 为抛出三棱体的开裂角；r 为岩体容重；d_b 为炮孔直径。

6. 4. 3　先爆炮孔累积损伤对后爆炮孔的影响

在台阶毫秒延时爆破中，炮孔是按一定顺序依次起爆的，先爆炮孔必然会对周围岩石产生损伤破坏作用。这种损伤破坏作用会加剧岩石的结构缺陷，降低岩石的弹性储能强度，减小后爆炮孔炸药能量转换为地震波能量的转换率，同时增大岩体的阻尼作用，加速地震波能量在传播过程中的耗散，从而起到耗能降振的作用。这种由先爆炮孔累积损伤而引起的岩体阻尼作用增大的现象可通过两种理论来进行描述：（1）先爆炮孔爆破时引起周围岩体条件的不断恶化，加速了地震波能量的衰减；（2）在后爆炮孔与观测点之间的先爆炮孔爆破所形成的岩体损伤区对后爆炮孔的地震波起到了屏蔽作用。

图 6-5 为 16 个炮孔顺序起爆，前 10 个炮孔已爆，第 11 个炮孔准备起爆时的累积损伤模型。在这个模型中，前 10 个炮孔起爆时对周围岩体造成的累积损伤会引起第 11 个炮孔爆破所产生的地震波能量的衰减。这种先爆炮孔形成的累积损伤对后爆炮孔地震波能量的衰减作用可用一个简单的无量纲公式来直观地表述：

$$D_n = 1 + \eta \sum_{j=1}^{n-1} \frac{w_j}{\overline{w}} \left(\frac{s_{\mathrm{p}}}{h_{nj}} \right)^3 \tag{6-37}$$

式中，D_n为衰减因子；η 为无量纲常数；S_{p}为先爆炮孔到后爆炮孔的平均距离；h_{nj}为第 n 个炮孔到第 j 个炮孔的距离；w_j为第 j 个炮孔的装药量；$\overline{w}$ 为平均装药量。

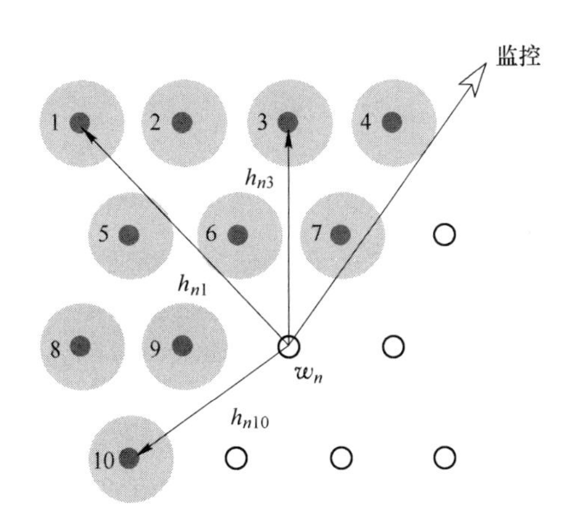

图 6-5 第 11 个炮孔将起爆时前 10 个炮孔所形成的累积损伤模型

从图 6-5 中可以看到：第 4 个和第 7 个炮孔对将要起爆的第 11 个炮孔的屏蔽作用最大，因为它们在第 11 个炮孔和监测点的连线上。为了计算这种屏蔽作用对后爆炮孔的影响，在图 6-6 中使用了一个特别的几何模型。图中 O 点代表将要起爆的炮孔，B 点代表先爆炮孔，M 点为监测点，OM 为将要起爆的炮孔与监测点的连线，BP 为连线的垂直线，OM 可以用矢径 $\boldsymbol{a}$ 表述，OB 可以用矢径 $\boldsymbol{b}$ 表述。从图中能直观地看出，在 OM 连线上的先爆炮孔的屏蔽作用最大，其他点所产生的屏蔽作用要小一些。可用一个“高斯钟”模型来对三维空间里的这种屏蔽作用进行估算。定义第 j 个已爆孔 B 到 OM 轴的距离为 P_{nj} ，则 B 点对第 n 个孔的振动屏蔽效应可以采用高斯钟因子 $\exp(-\kappa_{nj}^2)$ 来表示，其中 $\kappa_{nj} = P_{nj}/S_{\mathrm{p}}$ ，则屏蔽作用可以采用下式表示：

$$S_n = \left[1 + gd^{-2} \sqrt{\sum_{s=1}^{N_s} \frac{w_s}{\overline{w}} \exp - \left(\frac{p_{ns}}{S_p} \right)} \right]^{-1} \tag{6-38}$$

式中，g 为常数；N_s表示屏蔽孔的总数，在$-\pi/2 \sim \pi/2$ 范围内的所有孔均为屏蔽孔。

由先爆炮孔对后爆炮孔地震波的屏蔽模型可以看出：在台阶毫秒延时爆破中，应将先爆炮孔设计在后爆炮孔与保护目标的连线上。采用斜线起爆或者逐孔

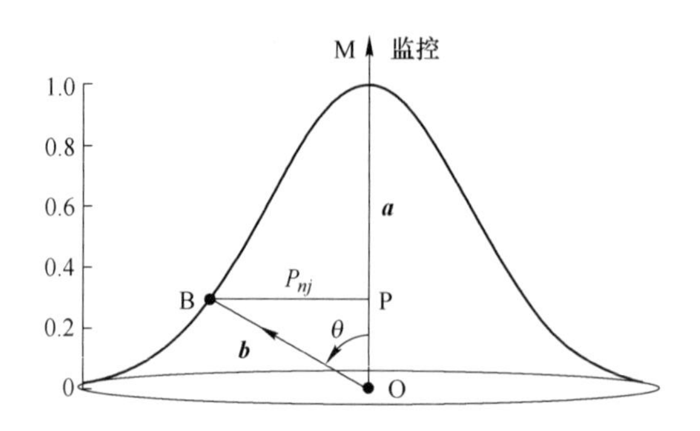

图 6-6　振动屏蔽效应计算的几何模型

起爆技术，使传爆方向背对保护目标，充分利用先爆炮孔引起的累积损伤对后爆炮孔地震波能量的耗散作用加强地震波能量在传播过程中的衰减。同时利用先爆炮孔造成的岩体损伤区对地震波进行屏蔽，以取得良好的降振效果。

6.4.4　先爆炮孔形成的损失区对后爆炮孔振动屏蔽的现场实验

为验证由先爆炮孔累积损伤所引起的后爆破炮孔地震波能量的衰减和岩体损伤区对后爆炮孔地震波的屏蔽作用，设计了逐孔起爆的现场实验。实验场地选在遵义市新浦新区新火车站洪水台土石方开挖现场，该实验场地主要以茅口组灰岩为主，普氏系数为 8~10，岩石完整性较好。

在观测研究先爆炮孔对后爆破炮孔地震波的衰减效应时，需排除其他因素对爆破振动特征的影响。为此，设计了一个狭长的爆破区域，并在背对临空面一侧的中间处安放监测点。现场实验孔网参数及起爆方式为：孔径 90mm，孔深 10m，孔距 3. 5m，排距 3m，单孔装药为 35kg 铵油炸药；平行布置 4 排炮孔，每排 63 孔，梅花形布孔；采用逐孔起爆技术，从左向右顺序起爆，孔间毫秒延期时间 50ms，排间毫秒延期时间 110ms。起爆方向、炮孔和监测点布置如图 6-7 所示，图中 OA 连线左右两端除了起爆方向不同，其他爆破参数均相同。根据几何对称性，监测点前半段为没有炮孔屏蔽作用的爆破地震波，后半段为有炮孔屏蔽作用的爆破地震波，这就排除了其他因素的影响。

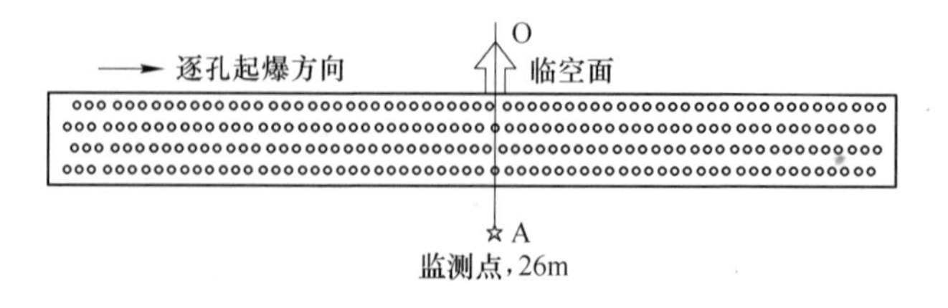

图 6-7　监测点布置示意图

监测点实测爆破振动的速度历程曲线如图 6-8 所示。图中振动速度极值点所对应的时刻，可看成是图 6-7 中 OA 轴线附近炮孔起爆的时刻。这样在图 6-8 中，极值点左边的振动速度可以看成是由图 6-7 中 OA 轴线左边炮孔起爆时所产生的，极值点右边的振动速度是由图 6-7 中 OA 轴线右边炮孔起爆时所产生的。如果各排内炮孔是同时起爆的，由于图 6-7 中 OA 两边炮孔参数地形条件等基本相同，在图 6-8 中极值点左右两边的对称时刻内地震波强度应相等。但在本次实验中，由于采用逐孔起爆技术，使 OA 右边炮孔在起爆之前，炮孔连线与监测点之间存在先爆炮孔，而 OA 左边炮孔起爆时则不存在先爆炮孔。因此通过监测信号极值点两边对称时刻内的地震波强度差异，分析先爆炮孔形成的损伤区域对后爆炮孔地震波的屏蔽效应。

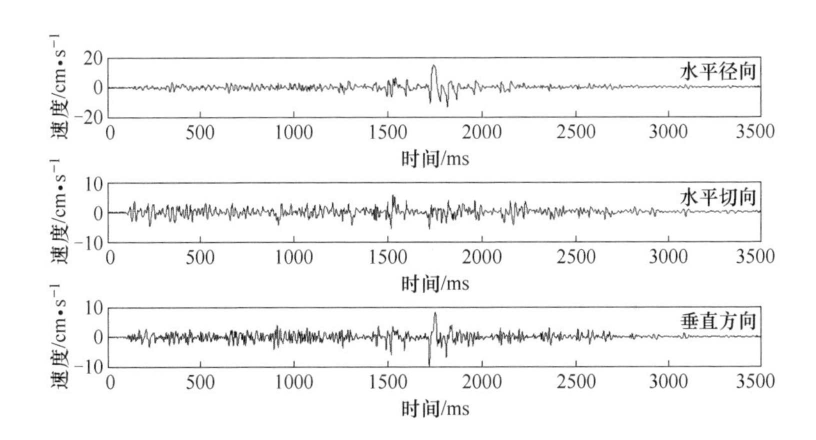

图 6-8 监测点处爆破振动的速度历程曲线

考虑到在传播过程中爆源位置的不断变化，测振仪水平径向和水平切向所测的速度会有所偏差，因此选择垂直向爆破振动的波形，对爆破地震波左右两边的强度进行对比分析。从垂直方向的速度历程曲线可以看出质点速度最大点的时刻为 1720ms，次最大点的时刻为 1750ms，因此可以 1735ms 时刻点为对称点。在两边对称时刻各取 1000ms 的振动速度的波形进行分析，为排除中间点的干扰，可适当向对称轴两边取值，左右两边各取时间范围分别为：601 ~ 1600ms、1871 ~ 2870ms，截取后的波形如图 6-9 所示。对于左右两边振动强度的比较，如果采用质点峰值振动速度作为标准，虽然可行，但却很难找出每个炮孔所对应的质点峰值振动速度，因此采用爆破地震波总能量来对两边地震波强度进行对比分析。由于两边炮孔的参数相同，距离 OA 的距离相同，岩体特性也基本相同，因此可将爆破地震波总能量的计算式（5-30）进行简化，不求地震波的能量，而只求左右两边速度的平方在对称时间段内的积分 I，并对两边积分 I 进行比较，计算公式如下：

$$I = \sum_{t_1}^{t_2} v^2 \mathrm{d}t \tag{6-39}$$

式中，t_1为起始时刻；t_2为终止时刻；v 为振动速度。

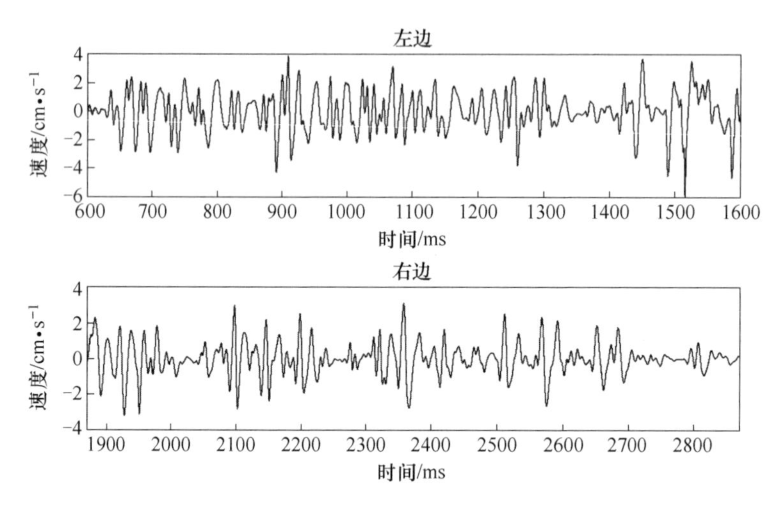

图 6-9 振动速度垂直分量极值点左右对称时间的波形图

利用式（6-39）计算出左右两边相同时间段的积分值 I 分别为 1.870cm²/s、0.811cm²/s，左边为右边的 2.3 倍，说明右边炮孔存在明显的振动衰减情况。分析图 6-8 和图 6-9 不难发现，这种振动的衰减是由逐孔起爆的起爆方向造成的。对于监测点来说，从左向右的起爆方向，使得在 OA 轴线右边的炮孔起爆之前，在其炮孔与监测点的连线区域，存在由先爆炮孔产生的岩体损伤区，这些损伤区的存在对后爆炮孔的爆破地震波产生衰减屏蔽作用，从而起到了降低爆破振动的效果。

6.5 小结

本章对台阶毫秒延时爆破技术的降振原理进行了探讨，研究了基于波形叠加的干扰降振原理和基于频谱叠加的压制降振原理；同时结合岩体的能量耗散与释放原理对基于能量的降振理论进行了探讨，并通过现场实验验证了先爆炮孔对后爆炮孔的屏蔽降振作用。主要得出以下结论：

（1）只有频率相同的波形相互叠加才有可能出现干扰相消的现象，频率不同的波形相互叠加时不会出现干扰相消的现象。实际工程中，相同地震波的谐波分量会发生两两干扰相消的现象，从而起到干扰降振的目的。但是由于谐波分量的频率不同，因此不可能给出一个毫秒延期时间使相邻炮孔的爆破地震波干扰相消为零。

（2）叠加组合具有低通滤波作用，对不同频率的地震波具有选择放人或压制作用。波形经过叠加后，某些特定优势频带的谐波分量经过波形叠加组合后谱值得到放大；反之，另外一些特定频率的谐波分量在波形叠加过程中谱值得到压制降低，从而改变了原始波形的主振频率。结合频率特性曲线，对频率范围主要在10~60Hz之间的台阶爆破的最优毫秒延期降振时间进行了研究。研究结果表明：当叠加次数$n=3$时，毫秒延期时间为15ms和20ms时叠加组合对该频段的地震波压制作用最好；当叠加次数$n=5$时，毫秒延期时间为15ms时叠加组合对该频段的地震波压制作用最好；当叠加次数$n=8$时，10ms、15ms延时爆破都能对该频率的地震波产生很好的压制作用。实际工程中，应根据实测单孔爆破地震波的频率情况，结合频率特性曲线选择合适的毫秒延期间隔时间进行压制降振。

（3）在毫秒延期时间Δt相同的条件下，增加叠加次数，可以使叠加后地震波谱值放大的频带范围变窄，同时使地震波谱值压制的频带范围变宽，从而使得更多的谐波分量在波形叠加过程中因压制作用而谱值降低，提高了波形叠加的降振效果。在实际工程中，应尽量增大毫秒延时起爆的段数，以使更多爆破地震波的谐波分量得到压制降低，从而提高毫秒延时爆破的降振效果。条件允许时，可采用逐孔起爆技术。

（4）基于岩体变形破坏能量理论的降振原理研究表明：在台阶爆破中，增加自由面可以有效地降低岩体在爆炸载荷作用下的弹性储能，从而起到降低爆破地震波能量的作用。因此，在实际工程中，排间毫秒延期间隔时间应以形成新的自由面所需的最短时间为宜。

（5）先爆炮孔形成的累积损伤对后爆炮孔的地震波能量有衰减耗散作用，在台阶毫秒延时爆破中，可采用斜线起爆或者逐孔起爆技术，使传爆方向背对保护目标，充分利用先爆炮孔对后爆炮孔地震波的屏蔽作用进行降振。

7 精确毫秒延时对爆破振动影响的现场实验

7.1 引言

在台阶毫秒延时爆破技术中，无论是对取得良好的破碎质量还是对实现最优的降振效果来说，毫秒延期时间都是最重要的技术参数，也是广大学者最关心的问题之一。目前在台阶爆破中，普遍采用的是普通电雷管或导爆管雷管，毫秒延时误差大，雷管的毫秒延时误差都在±10ms 以上，且随着雷管段位的增加误差不断增大，这就无法根据理论研究需要，也无法对取得最优降振效果的孔间毫秒延时和排间毫秒延时进行现场实验验证，从而使毫秒延时降振理论与工程实践应用存在理论和实践相脱节的现象。也有学者利用小波分析、HHT 瞬时能量分析等方法，对毫秒延时爆破中的实际毫秒延期时间进行识别，再利用识别的延期时间对降振效果进行分析，以此对比确定最优的毫秒延期间隔时间。虽然取得了一些进展，但也存在一些问题：首先，普通雷管的毫秒延期时间的误差具有随机性，无法根据需要选择精确的延期时间；其次即使选择了最优的毫秒延期间隔时间，由于雷管延时误差的存在，下次爆破振动未必能实现同样的降振效果；再次，由于地震波波形的复杂性，爆破振动波形干涉叠加之后，振动速度的周期、幅值都会发生变化，如图 7-1 所示，而瞬时能量又与振动速度的平方成正比，因此采用瞬时能量识别的延期时间未必就是雷管实际的延期时间。

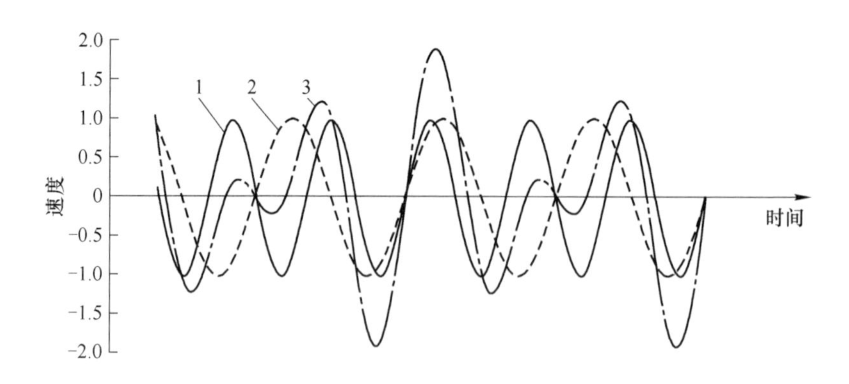

图 7-1 波形叠加示意图

1—波形 1；2—波形 2；3—叠加后的波形

也有学者利用实验室混凝土模型实验对毫秒延时干扰降振的效果进行研究，取得了一些成果，但是也存在一些问题：爆破地震波的频率与炮孔装药量存在一定关系，起爆药量不同，爆破地震波的频率也不同。有研究表明装药量越大地震波的主振频率越小，而实验室混凝土模型实验不可能做出与实际爆破工程 1∶1 的模型，只能是现场工程的缩小版，装药量与实际工程相差甚远，其爆破振动的主振频率也必然比实际台阶爆破的主振频率高。根据第 6 章叠加理论的研究成果，不同频率的地震波叠加时，最优降振效果的毫秒延期间隔时间也不相同。因此在实验室混凝土模拟实验中取得的降振效果最优的毫秒延期间隔时间未必能在实际工程中取得相同的降振效果。

根据本书第 6 章的研究成果，要采用叠加组合干扰降振技术，就需要对雷管延时精度有较高的要求，如果雷管延时精度不高，就很可能出现本来设计时是对某个特定频段进行叠加组合压制降振，结果由于雷管的延时误差，使压制频段和放大频段出现偏移，实际情况变成了对该特定频段的地震波产生了叠加组合放大效应，就无法实现预期的干扰降振效果。而在目前台阶毫秒延时爆破中，由于普通雷管毫秒延时精度的影响，很难实现理想的干扰降振效果。因此要保证干扰降振的效果，就必须提高雷管的延时精度，使雷管真正实现毫秒级的精确延时起爆。普通毫秒延期雷管显然无法满足这个要求，而数码电子雷管的出现显然很好地满足了这个要求。但是数码电子雷管的高昂费用以及现场实验的复杂性，使得数码电子雷管在台阶爆破工程中的研究和应用较少。近年来，随着数码电子雷管国产化技术的不断成熟，使得其在台阶爆破中广泛应用成为可能，其精确延时功能必然对当前毫秒延时干扰降振的理论研究和工程应用产生深远影响。为了更好地研究数码电子雷管精确延时功能对台阶爆破振动特征的影响，本研究在中国工程爆破协会和贵州新联爆破工程有限公司的大力支持下，在贵州省遵义市新浦项目部洪水台平场工程爆破开挖现场，利用久联爆破公司生产的 JL 系列数码电子雷管，进行了多组孔间不同毫秒延时爆破的降振效果对比实验，通过实验研究精确毫秒延时对爆破振动特征的影响，确定适宜现场条件的降振效果最优的孔间毫秒延期时间。

7.2　不同毫秒精确延时爆破的现场实验

7.2.1　实验场地与器材

根据实验要求，将实验现场设在贵州新联爆破工程有限公司遵义市新浦项目部洪水台土石方开挖现场一块平整的场地上，该实验场地主要以茅口组灰岩为主，普氏系数为 8~10，岩石结构性完好，岩性基本相同。爆区周围环境如图 7-2 所示。

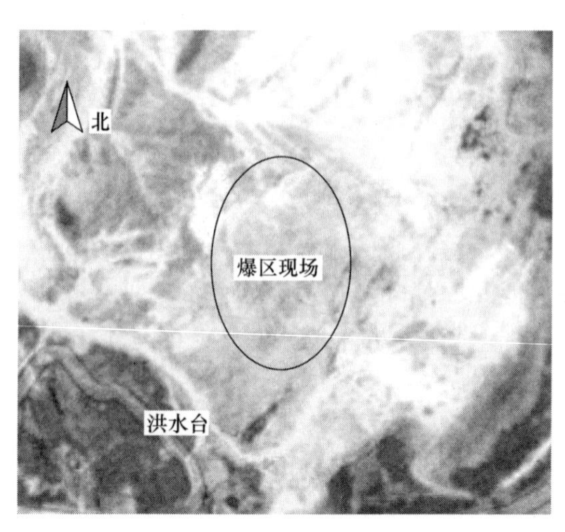

图 7-2　爆区周围环境示意图

精确毫秒延时起爆器材采用贵州久联民爆器材发展股份有限公司生产的 JL 系列数码电子雷管及其起爆系统。该公司生产的数码电子雷管采用独立研制的电路芯片和应用软件，可以现场设定电子雷管起爆顺序和延期时间，其独创的专用校时方法、延时方法，具有比采用晶振源的电子雷管更稳定，比采用普通 RC 振荡源的电子雷管延时更长、更准确的优点。具体特点如下：（1）延期时间精确，在同时间段内的误差约为±1ms，且名义延时升高时误差变化很小；（2）不受段别限制，可按照爆破工程需要现场设定起爆延期时间，无窜段，能在爆破工程中轻易实现逐孔精确毫秒延时控制爆破，延时范围 1～60000ms（间隔 1ms）；（3）具有良好的联网可检测性，可对联网雷管的 ID 地址、延期时间进行扫描，获知网络中每一发雷管的地址、延期时间值、运行是否正常等，确保可靠起爆；（4）具有极高的安全性，只有采用安全性极高的专用起爆器经过密码验证后才能起爆，普通的电源如电池、交流电、直流电甚至 220V 工频电源均不能起爆数码电子雷管，静电、雷电、杂散电流、射频等都不会误起爆数码电子雷管。

数码电子雷管采用专用起爆系统进行起爆。专用起爆器、专用总控制器是实现数码电子雷管在线检测、组网通信的专用设备，起爆器可与总控制器配套使用，也可单独使用。一台起爆器一次可连接 100 发电子雷管，形成一个单机爆破网络。一台总控制器可组网连接多台（1～64 台）起爆器，形成具有多条爆破网络支线的电子雷管起爆网络，其最大组网爆破规模为 6400 发电子雷管，最大起爆距离 5400m，雷管距起爆器最大距离 400m，起爆器距总控制器最大距离 5000m。

在总控制器的控制下，通过起爆器可对数码电子雷管进行精确、安全、可靠的起爆控制，可检测每个起爆网络内的雷管数量、ID 地址、延期时间，可以判断电子雷管连接状态、连接可靠性等，实现精确、安全可靠起爆。起爆系统部分仪器如图7-3所示。

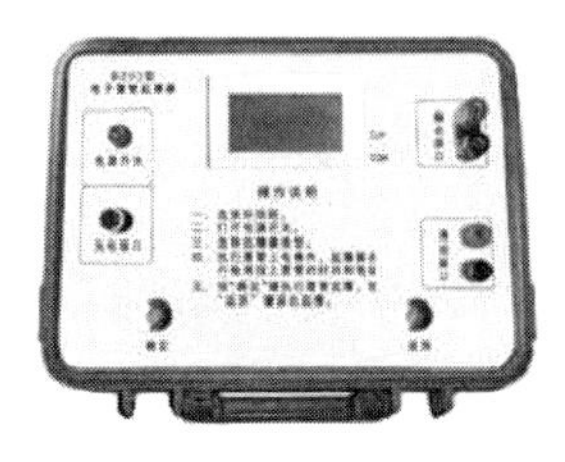

数码电子雷管专用起爆器

数码电子雷管专用起爆器联网

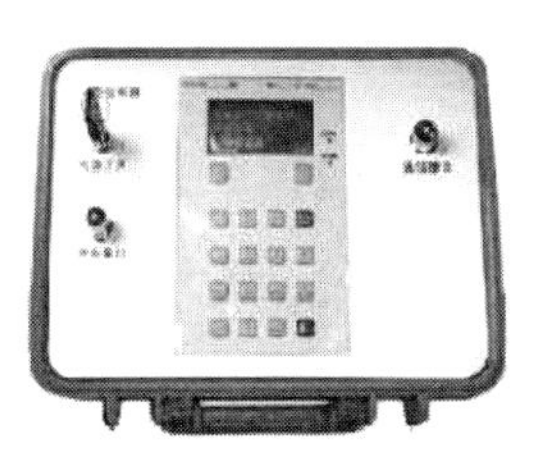

数码电子雷管专用总控制器

图7-3　数码电子雷管起爆系统部分仪器设备

7.2.2　实验方案设计

为对比分析不同毫秒精确延时爆破的降振效果，尽量避免岩性差异对实验结构造成的影响，将所有实验选择在一个台阶上一次进行。为对比分析孔间不同毫秒精确延时爆破的降振效果，在洪水台土石方平整现场一块相对规整的台阶上钻凿了4排炮孔，每排12孔，一共48个孔。根据现场施工情况，确定台阶高度为9m，炮孔垂直钻进，深度10m，孔距3.5m，排距3m，炸药采用久联民爆器材有限公司现场混装的铵油炸药，每孔装药35kg，填塞3m。

将48个炮孔以6孔为一组，分成8组，各组炮孔孔间延期时间分别为：5ms、10ms、15ms、20ms、25ms、30ms、35ms、40ms，为使相邻组间地震波不相互干扰，组间毫秒延期时间设置为200ms，以此方案进行不同毫秒延期时间的多孔叠加干扰降振实验，根据实验结果对比分析孔间延期时间对爆破地震波特征的影响，从而确定最优的孔间毫秒延期间隔时间。炮孔布置及起爆时间设置如图7-4所示。

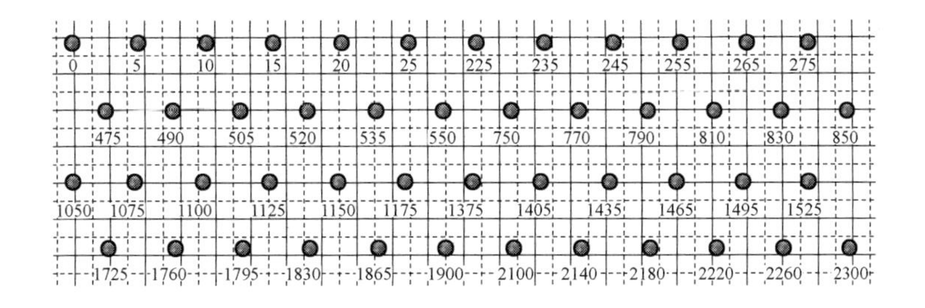

图7-4　炮孔布置及起爆时间示意图

由于数码电子雷管的延期时间精度高，同时间段的误差一般小于 1ms，且名义延时升高时误差变化很小，因此可将设计延期时间作为各炮孔间实际起爆的延期时间，即各组孔间实际起爆的毫秒延期间隔时间分别为 5ms、10ms、15ms、20ms、25ms、30ms、35ms、40ms。

7.2.3　现场数据监测

爆破振动监测采用成都中科测控有限公司生产的 TC-4850 爆破测振仪。该套振动测试仪自带嵌入式计算机模块，液晶屏（128×64 点阵）显示，仪器高度智能化，可在仪器上直接现场设置参数；采样后能立即预览最大值、频率及波形等信息，无需外接电脑支持。配备 X、Y、Z 三维一体速度传感器，并有与之相匹配的三矢量合成分析软件，现场传感器安置与测量后读数都很方便；其量程范围为 0.001～35.4cm/s，能完全涵盖爆破振动所需全部量程，无需再另设量程；A/D 分辨率为 16 位高精度记录，量化台阶可精细到 1/65536；频率响应范围为 0～1000Hz，能完全覆盖工程爆破所需的频段；采样率为 1k～50kHz，多挡可调；记录时长 1～160s 可调；记录精度 0.01cm/s，读数精度达到 1‰；使用者可根据自身测试需要，直接输入速度、电压等物理量值进行测量。

考虑到先爆炮孔形成的累积损失对后爆炮孔振动的衰减作用，在进行爆破振动监测时，应将测振仪布置在后爆炮孔一侧，以避免先爆炮孔对组内地震波叠加造成影响。因此在爆区背对临空面一侧中间和后边不同位置分别布置了 6 台爆破测振仪，采样频率设置为 2000Hz，记录时长 5s，触发电平 0.20cm/s。测振仪布置如图 7-5 所示。

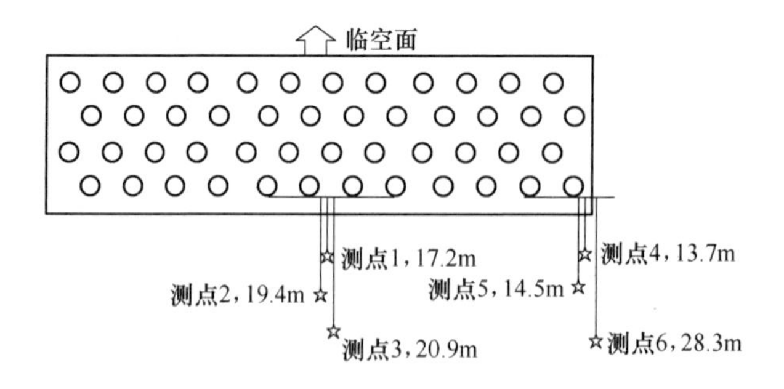

图 7-5　测点布置示意图

由图 7-5 可以看出同组内各炮孔到测振仪的距离不同，对于监测点而言，其所测得的各组内相邻炮孔的地震波的间隔时间应为雷管本身的延期时间加上相邻炮孔地震波到达监测点的时间差。在本次实验中，由于相邻炮孔之间距离较近，为 3.5m，实际监测点到炮孔的距离差应小于此值。而茅口组灰岩的波速在

3000m/s 左右，由相邻炮孔到监测点距离差而产生的时间应在 1ms 左右，对组内毫秒延期时间的影响不大，且监测点位于后爆炮孔一侧，各组都存在这种时间差，为简便分析起见，不考虑炮孔到监测点的距离不同而造成的时间差，仍以设计组内间隔时间作为实际的组内孔间毫秒延期时间。各监测点观测到的爆破地震波的速度历程曲线如图 7-6 所示。

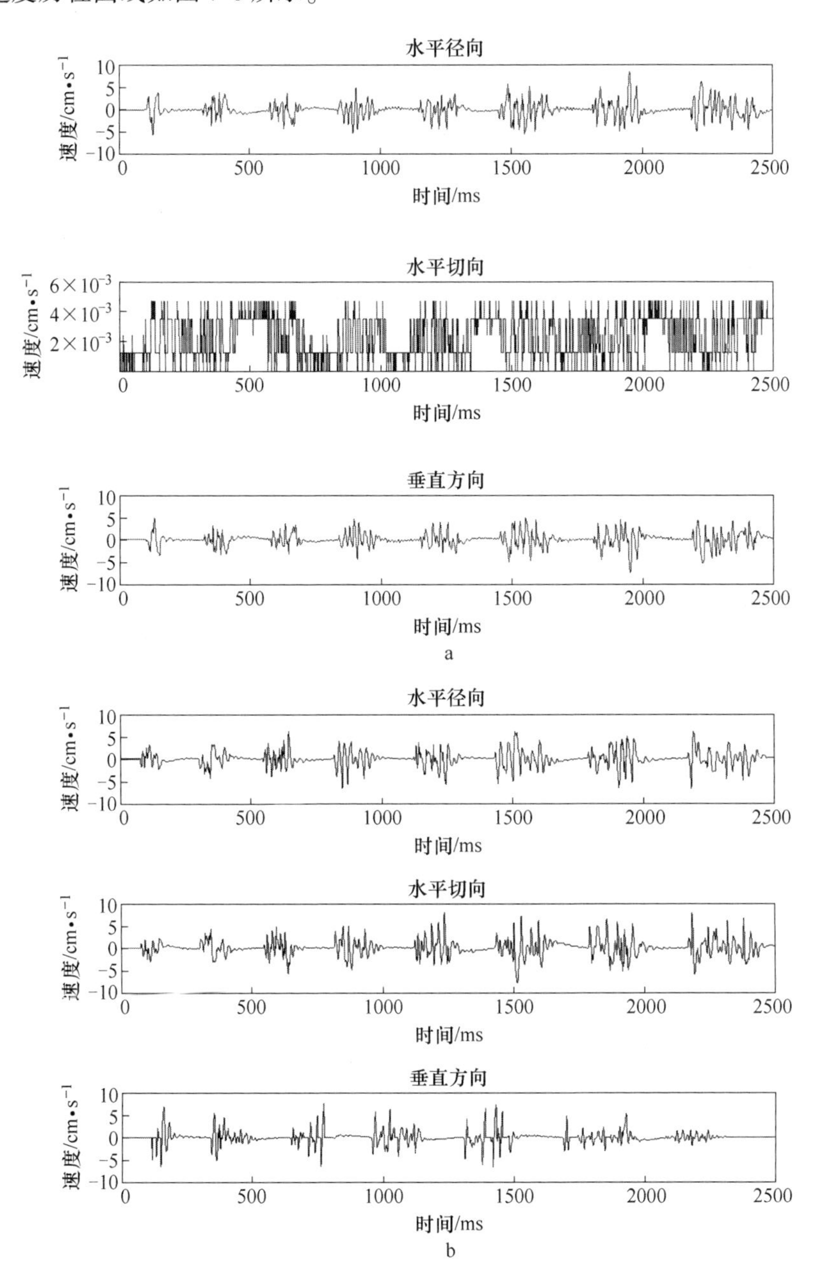

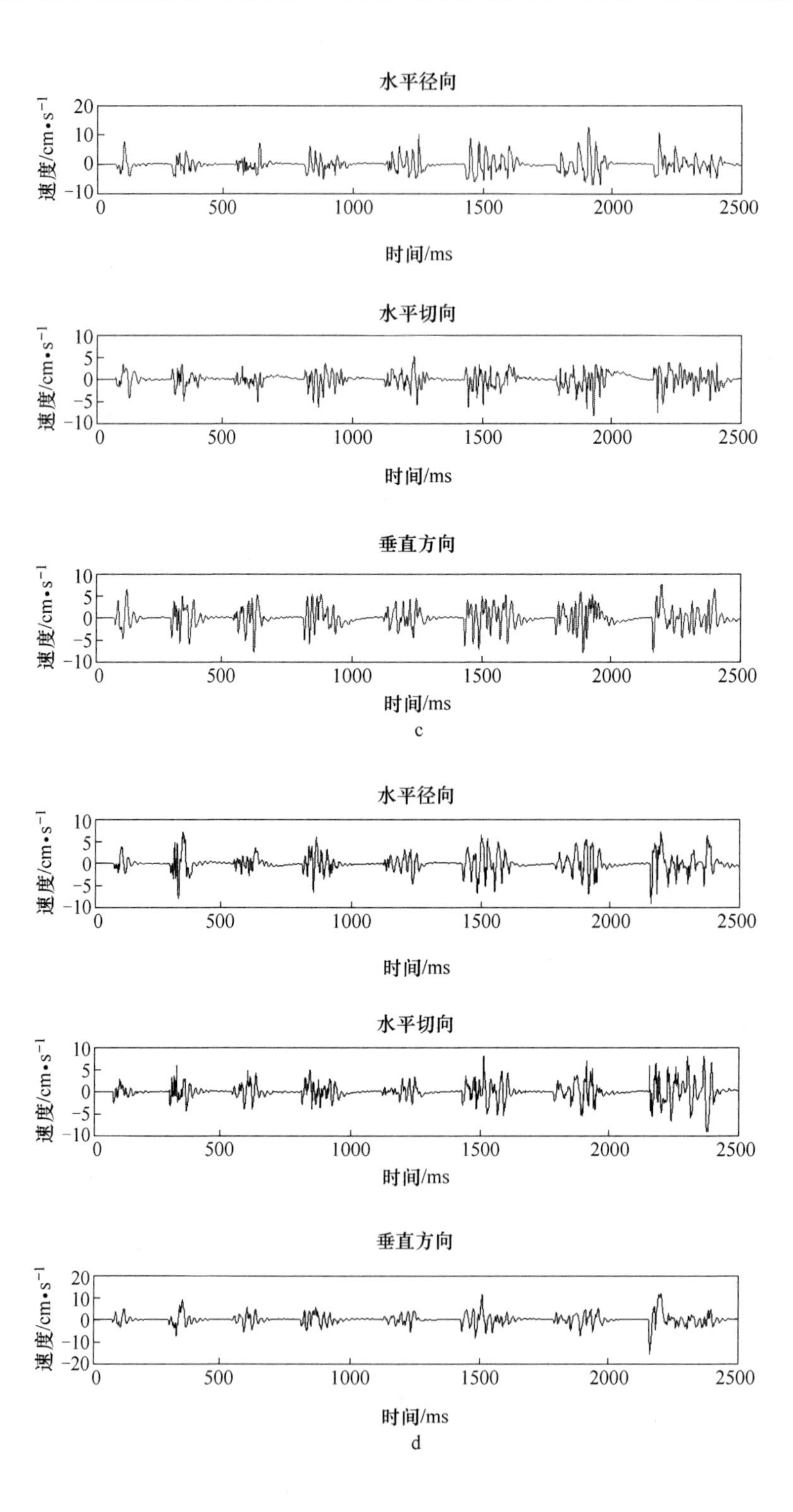
水平径向
速度/cm·s⁻¹
20
10
0
−10
0
500
1000
1500
2000
2500
时间/ms
水平切向
速度/cm·s⁻¹
10
5
0
−5
−10
时间/ms
垂直方向
速度/cm·s⁻¹
时间/ms
c
水平径向
速度/cm·s⁻¹
时间/ms
水平切向
速度/cm·s⁻¹
时间/ms
垂直方向
速度/cm·s⁻¹
−20
时间/ms
d

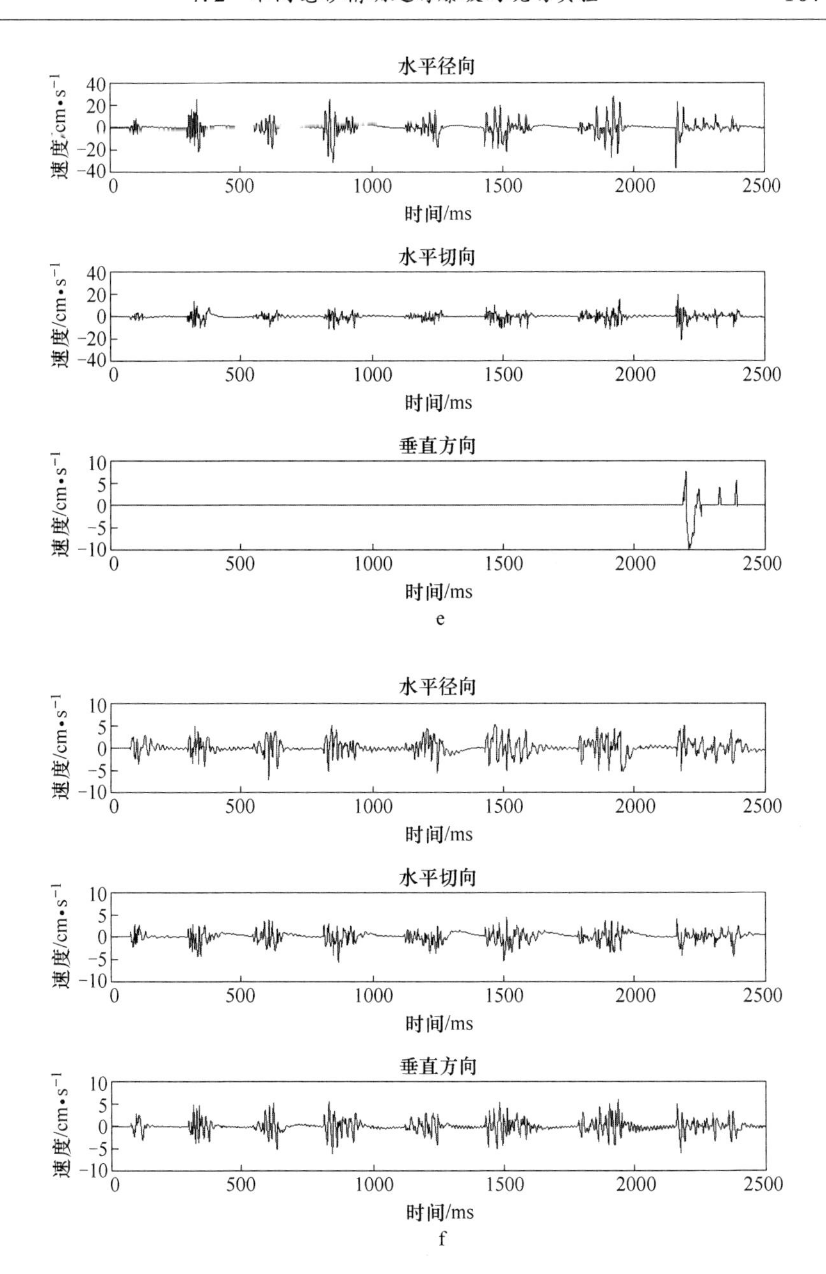

图 7-6 监测点爆破地震波的速度历程曲线

a—监测点 1；b—监测点 2；c—监测点 3；d—监测点 4；e—监测点 5；f—监测点 6

从图 7-6 可以看出，监测点 1 的水平切向、监测点 2 的垂直方向、监测点 5 的垂直方向振动信号严重失真，在分析时不应考虑。其他监测点振动信号较好，各组间地震波分段明显，没有出现互相干扰的现象，在进行分析时，可将信号截取为 8 段，分别对应各组延时起爆的地震波，对每段信号进行对比分析即可得出毫秒延时对爆破地震波的影响。下面根据监测数据就延期时间对爆破振动特征的影响进行分析。

7.3　实验结果分析

7.3.1　质点峰值振动速度的对比分析

在图 7-6 中，为了监测方便，将 8 组不同毫秒延期起爆的爆破振动速度波形一次记录，每组间隔 200ms，能够比较清晰地看出各组之间波形基本没有互相干扰。为了对比分析各组爆破振动的特征，需要将各组爆破振动速度波形从监测点总波形中分别截取出来，对各组爆破振动的波形特征进行单独分析，再对各组分析结果进行对比分析，结果如图 7-7 所示。

图 7-7 为监测点 1 所测得的水平径向和垂直方向爆破振动波形经截取后的各组毫秒延期爆破所对应的振动速度波形，对其进行单独分析，得到各组毫秒延时爆破所产生的振动速度的各向质点峰值振动速度，如表 7-1 所示。

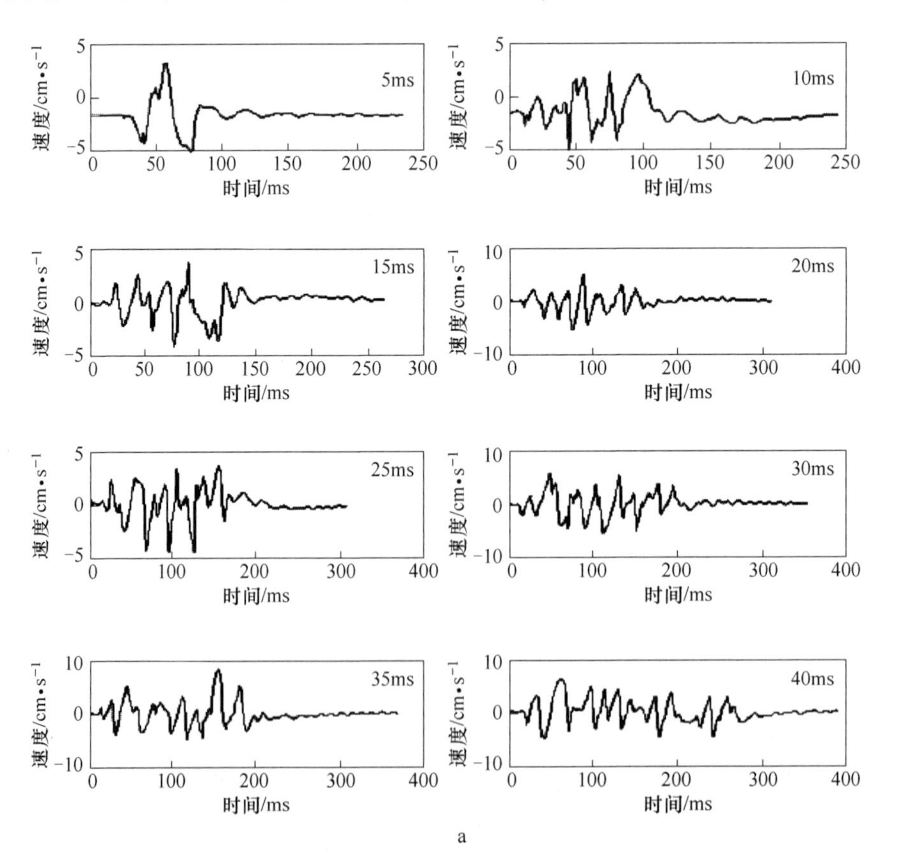

a

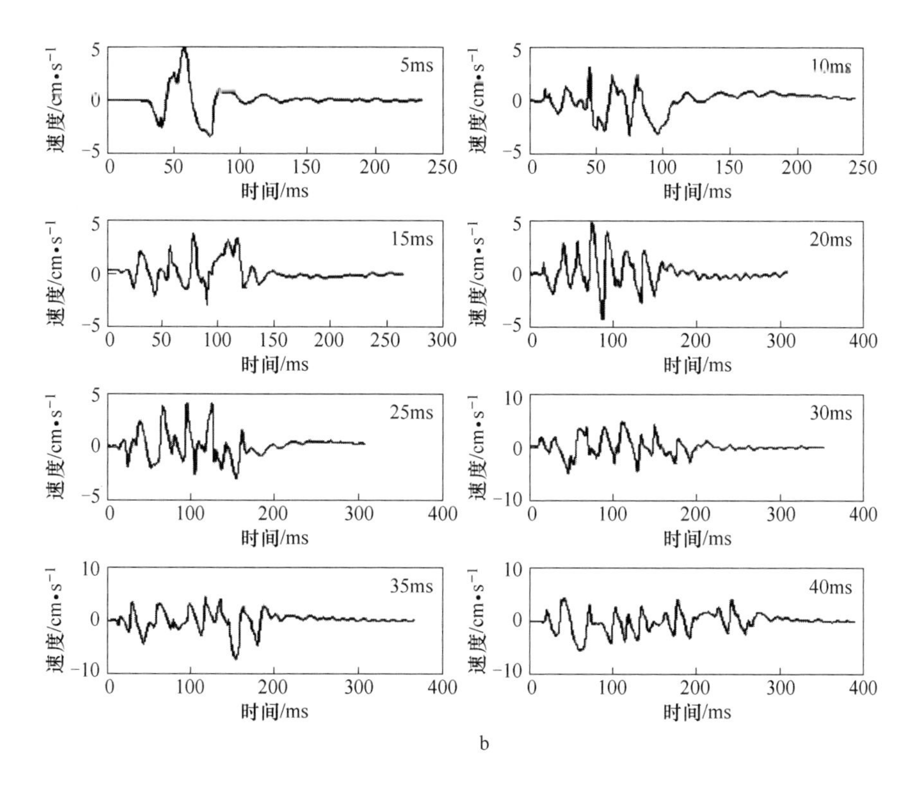

图 7-7　监测点 1 各组毫秒延期爆破振动波形图

a—水平径向；b—垂直方向

表 7-1　监测点各组毫秒延时爆破振动各向质点峰值振动速度

测点	延期时间/ms	爆心距/m	振动速度/cm·s^{-1}			
			水平径向	水平切向	垂直方向	矢量和
监测点 1	5	28.2257	5.6158	—	4.9099	—
	10	28.2257	3.8756	—	3.3706	—
	15	25.46547	4.2402	—	3.7028	—
	20	25.46547	5.3822	—	4.7119	—
	25	22.76598	4.5068	—	3.3960	—
	30	22.76598	5.8424	—	5.1070	—
	35	20.15167	8.5205	—	7.4438	—
	40	20.15167	6.2411	—	5.4537	—
监测点 2	5	30.27887	3.0760	3.0598	—	—
	10	30.27887	4.2630	4.2555	—	—
	15	27.48472	6.2192	5.8737	—	—
	20	27.48472	6.5001	4.9957	—	—

续表 7-1

测点	延期时间/ms	爆心距/m	振动速度/cm · s^{-1}			
			水平径向	水平切向	垂直方向	矢量和
监测点 2	25	24. 73884	5. 7296	8. 0485	—	—
	30	24. 73884	6. 0352	7. 8578	—	—
	35	22. 05924	6. 5366	6. 5633	—	—
	40	22. 05924	6. 7643	7. 9190	—	—
监测点 3	5	31. 69006	7. 6830	4. 5006	6. 4579	10. 99947
	10	31. 69006	4. 7376	4. 9973	6. 0675	9. 177822
	15	28. 87663	7. 2581	5. 1695	7. 7904	11. 83613
	20	28. 87663	6. 0764	6. 2707	6. 0274	10. 61008
	25	26. 10479	10. 1643	5. 7798	4. 6875	12. 59729
	30	26. 10479	9. 0159	6. 3245	7. 1299	13. 1195
	35	23. 38931	12. 5705	8. 5901	9. 0247	17. 69894
	40	23. 38931	10. 7748	7. 7420	8. 2957	15. 6478
监测点 4	5	31. 26564	3. 7080	2. 9186	4. 7359	6. 685525
	10	25. 0108	7. 8372	5. 9186	8. 6057	13. 05793
	15	29. 16059	3. 4950	4. 7812	5. 6429	8. 180295
	20	22. 32353	6. 4722	4. 8465	5. 2271	9. 62811
	25	27. 22389	4. 6753	3. 3504	5. 8702	8. 218446
	30	19. 72663	6. 7417	9. 5031	11. 1371	16. 11814
	35	25. 49392	6. 8676	6. 9013	5. 1999	11. 0377
	40	17. 26094	9. 0257	9. 9006	16. 5182	21. 26819
监测点 5	5	31. 85122	8. 0904	3. 7597	—	—
	10	25. 73908	24. 7883	14. 0007	—	—
	15	29. 7069	18. 9772	9. 4703	—	—
	20	14. 84924	35. 2162	11. 3403	—	—
	25	27. 72183	17. 1728	6. 6297	—	—
	30	20. 40833	21. 3366	10. 9069	—	—
	35	25. 9326	27. 7835	15. 6186	—	—
	40	17. 90251	35. 7656	21. 3149	—	—
监测点 6	5	43. 05276	3. 6260	2. 6989	3. 0396	5. 447119
	10	38. 77377	4. 8406	4. 5129	4. 9684	8. 275426
	15	40. 48135	7. 2176	3. 7536	5. 3411	9. 731938
	20	35. 87116	5. 4162	5. 8973	6. 1360	10. 08781
	25	37. 97289	5. 6296	3. 7791	4. 1146	7. 9312
	30	33. 01424	5. 1418	5. 5210	5. 4706	9. 319174
	35	35. 54068	5. 2940	3. 6714	6. 1718	8. 9217
	40	30. 1851	5. 3307	4. 5296	5. 0821	8. 646466

在现场实验中，各组毫秒延时爆破爆源中心到监测点的距离不同，而表 7-1 中各组毫秒延时爆破的质点峰值振动速度并没有考虑监测点到爆源距离对质点峰值振动速度的影响，因此不能直接进行对比，需要对其进行修正，以消除爆心距对质点峰值振动速度的影响。如果忽略传播介质阻尼作用的影响，而只考虑由于波阵面扩大而导致的质点峰值速度的衰减，则质点峰值振动速度与爆心距的平方成反比。利用此关系将监测的各组毫秒延时爆破质点峰值振动速度换算到同一爆心距处进行比较，即能排除爆心距对质点峰值振动速度的影响。下面对监测点各组毫秒延时爆破质点峰值振动速度进行爆心距修正，将其统一转换到爆心距为 30m 处进行比较分析，转换后的各组毫秒延时爆破质点峰值振动速度如表 7-2 所示。

表 7-2 修正到爆心距为 30m 处时各组毫秒延时爆破质点峰值振动速度

测点	延期时间/ms	振动速度/cm·s^{-1}			
		水平径向	水平切向	垂直方向	矢量和
监测点 1	5	6.344023	—	5.546587	—
	10	4.378165	—	3.807679	—
	15	5.884717	—	5.138892	—
	20	7.469629	—	6.539361	—
	25	7.825966	—	5.897085	—
	30	10.14521	—	8.868201	—
	35	18.88362	—	16.49738	—
	40	13.83188	—	12.0868	—
监测点 2	5	3.019601	3.003698	—	—
	10	4.184837	4.177474	—	—
	15	7.409592	6.997961	—	—
	20	7.744258	5.951907	—	—
	25	8.425745	11.83584	—	—
	30	8.875149	11.5554	—	—
	35	12.08964	12.13902	—	—
	40	12.51078	14.64643	—	—
监测点 3	5	6.885368	4.033358	5.787455	9.85753
	10	4.245753	4.478492	5.437586	8.225001
	15	7.833797	5.579534	8.408318	12.77495
	20	6.558367	6.768079	6.505481	11.45165
	25	13.42393	7.633346	6.190752	16.63716
	30	11.90724	8.352728	9.416415	17.32684
	35	20.68046	14.13207	14.84706	29.11755
	40	17.72625	12.73681	13.64774	25.7431

续表 7-2

测点	延期时间/ms	振动速度/cm · s^{-1}			
		水平径向	水平切向	垂直方向	矢量和
监测点 4	5	3. 413876	2. 687092	4. 360241	6. 155219
	10	11. 27583	8. 515427	12. 38151	18. 78719
	15	3. 699109	5. 060423	5. 972446	8. 658026
	20	11. 68877	8. 752759	9. 440121	17. 38833
	25	5. 677429	4. 068543	7. 128451	9. 980033
	30	15. 59215	21. 9787	25. 7578	37. 27791
	35	9. 509862	9. 556528	7. 200526	15. 28438
	40	27. 26431	29. 90716	49. 89723	64. 24572
监测点 5	5	7. 177289	3. 335367	—	—
	10	33. 67467	19. 01982	—	—
	15	19. 35352	9. 658096	—	—
	20	143. 7396	46. 28694	—	—
	25	20. 11128	7. 764125	—	—
	30	46. 1055	23. 56833	—	—
	35	37. 18238	20. 90222	—	—
	40	100. 4338	59. 85463	—	—
监测点 6	5	1. 760631	1. 310471	1. 4759	2. 644889
	10	2. 897782	2. 701607	2. 974288	4. 95401
	15	3. 963924	2. 061486	2. 933345	5. 344804
	20	3. 788318	4. 124819	4. 291776	7. 055838
	25	3. 513766	2. 35876	2. 568165	4. 950331
	30	4. 245757	4. 558875	4. 517258	7. 695154
	35	3. 772028	2. 61591	4. 39747	6. 356801
	40	5. 265525	4. 474219	5. 019964	8. 54075

为了直观显示结果，根据表 7-2 中数据绘出各组毫秒延时质点峰值振动速度的对比图，如图 7-8 所示。从监测点 1 和监测点 3 的对比结果可以看出：当延期时间为 10ms 时，质点峰值振动速度最小；监测点的对比结果则显示 5ms 的延时质点峰值振动速度最小。从监测点 4 和监测点 5 的对比结果可以看出，5ms 延时质点峰值振动速度最小，15ms 和 25ms 次之。从监测点 6 的对比结果可以看出，5ms 延时质点峰值振动速度最小。综合分析不难发现：不同监测点降振效果最优的毫秒延期时间略有不同，但最优毫秒延期时间都指向较小值，即短毫秒延时质点峰值振动速度小，降振效果好。

此外，从图中的对比分析可以看出：在监测点 4、监测点 5 和监测点 6 的质点峰值振动速度的对比图中，10ms、20ms、30ms 和 40ms 的质点峰值速度明显大于同排的 5ms、15ms、25ms、35ms 的质点峰值振动速度。分析原因，主要是由于在质点峰值振动速度统一转换到爆心距为 30m 的过程中，没有考虑传播介质的阻尼作用。转换前爆心距小的质点峰值振动速度受传播介质的阻尼作用小，

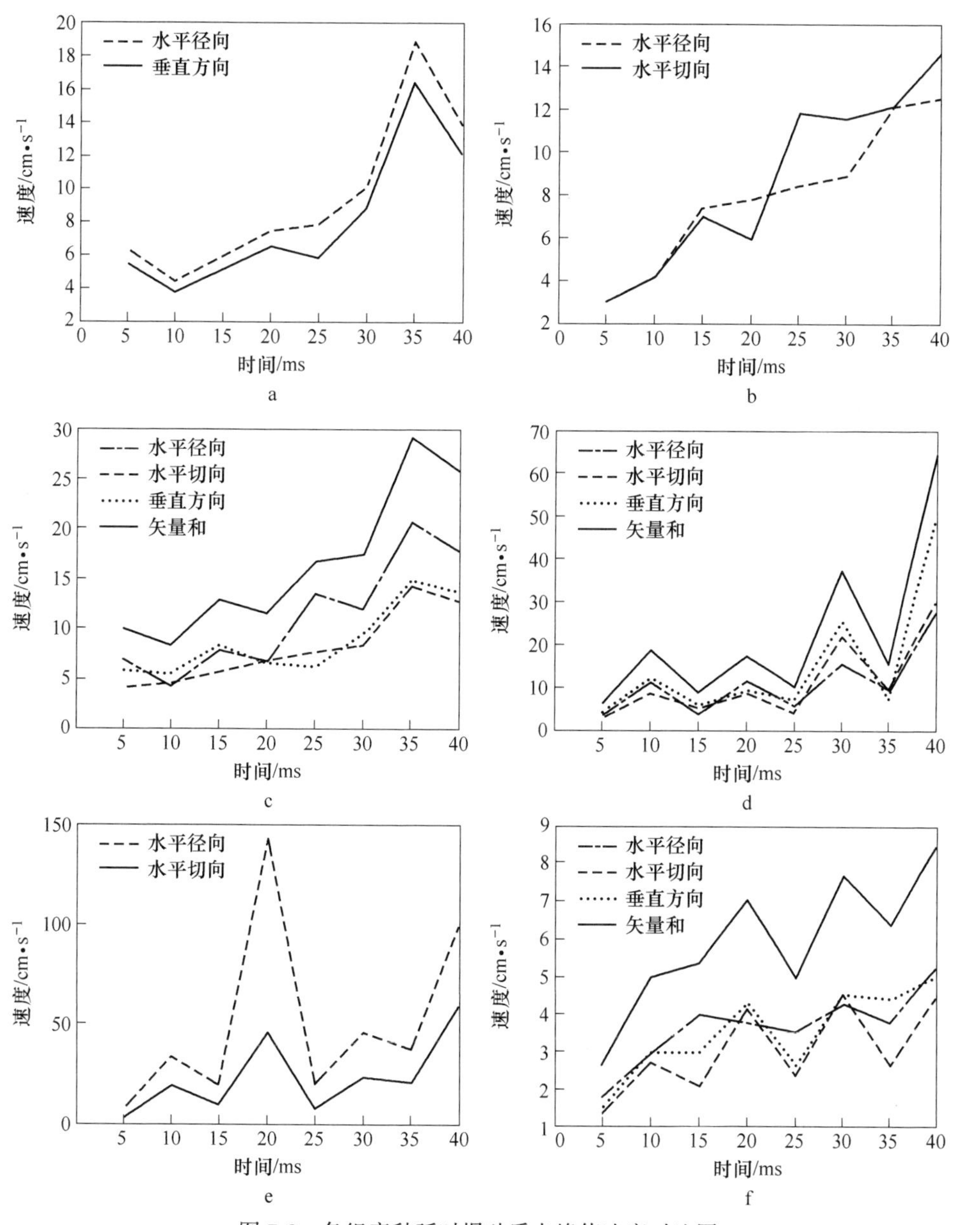

图 7-8 各组毫秒延时爆破质点峰值速度对比图

a—监测点 1；b—监测点 2；c—监测点 3；d—监测点 4；e—监测点 5；f—监测点 6

转换后质点峰值振动速度大；反之，转换前爆心距大的转换后质点峰值振动速度小。而 10ms、20ms、30m、40ms 的延时爆破爆心距明显大于 5ms、15ms、25ms、35ms 延时爆破的爆心距，因此在监测点 4、监测点 5 和监测点 6 的对比分析中，10ms、20ms、30ms、40ms 延时爆破的质点峰值振动速度要大于同排的 5ms、15ms、25ms、35ms 的质点峰值振动速度。

综上所述，在排除爆心距对质点峰值振动速度的影响和传播介质的阻尼作用之后，认为在与本次实验地质条件和爆破参数基本相同的毫秒延时爆破中，为取得较小的质点峰值振动速度，孔间毫秒延时以 5～15ms 为宜。

7.3.2　爆破振动信号频谱特性的对比分析

7.3.2.1　傅里叶变换分析

爆破振动的主振频率也是爆破振动特征的重要因素，大量的文献研究表明振动主频越大，范围越宽泛，对结构体的危害越小，因此对上述实验中各组波形进行频谱分析。有文献指出，爆破振动的主振频率也与爆心距存在某种关系，认为传播介质对地震波频率有低频滤波效果，即随着传播距离的增大，爆破振动的主频有变小趋势。但是对这种频率的衰减还缺乏一个准确的表达公式，无法进行准确计算，同时本次实验监测点都在爆源近区，为简便分析起见，不考虑传播距离导致的地震波频率的衰减，只将频率变化看成是由于叠加组合的低频放大效应导致的。此外，考虑到爆破振动速度的三向频谱相差不大，因此选择监测点 1、监测点 3 和监测点 4 所测各组毫秒延时爆破垂直方向的波形数据对各组毫秒延时的频谱特性进行分析，各组毫秒延时爆破的傅里叶谱如图 7-9～图 7-11所示。

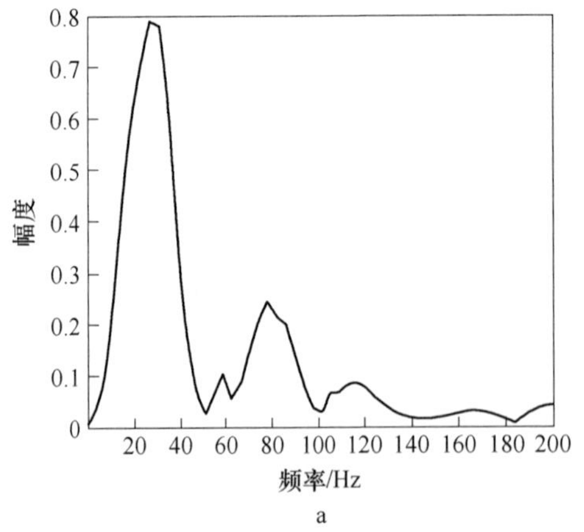

a

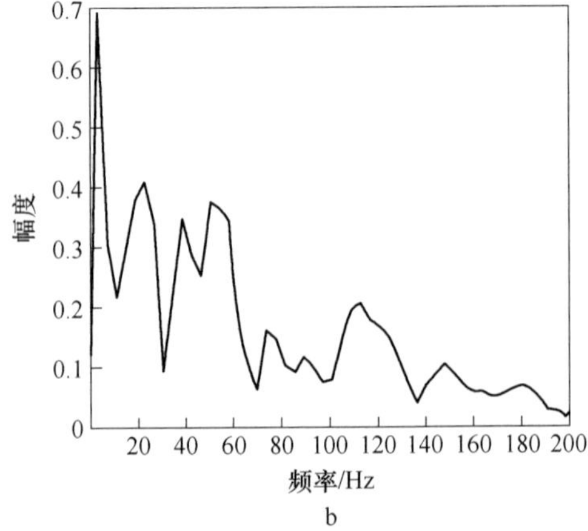

b

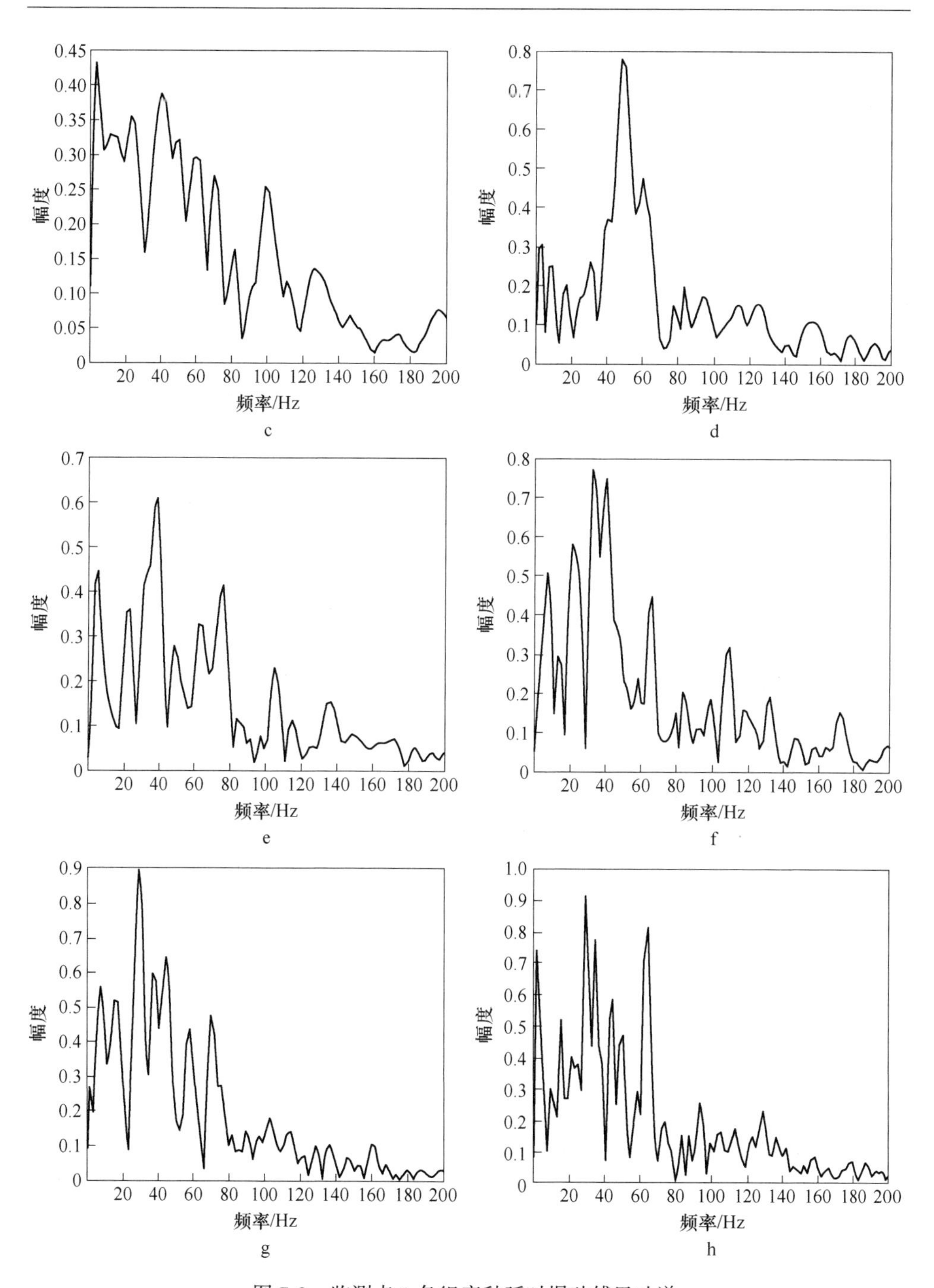

图 7-9 监测点 1 各组毫秒延时爆破傅里叶谱

a—5ms 延时爆破；b—10ms 延时爆破；c—15ms 延时爆破；d—20ms 延时爆破；
e—25ms 延时爆破；f—30ms 延时爆破；g—35ms 延时爆破；h—40ms 延时爆破

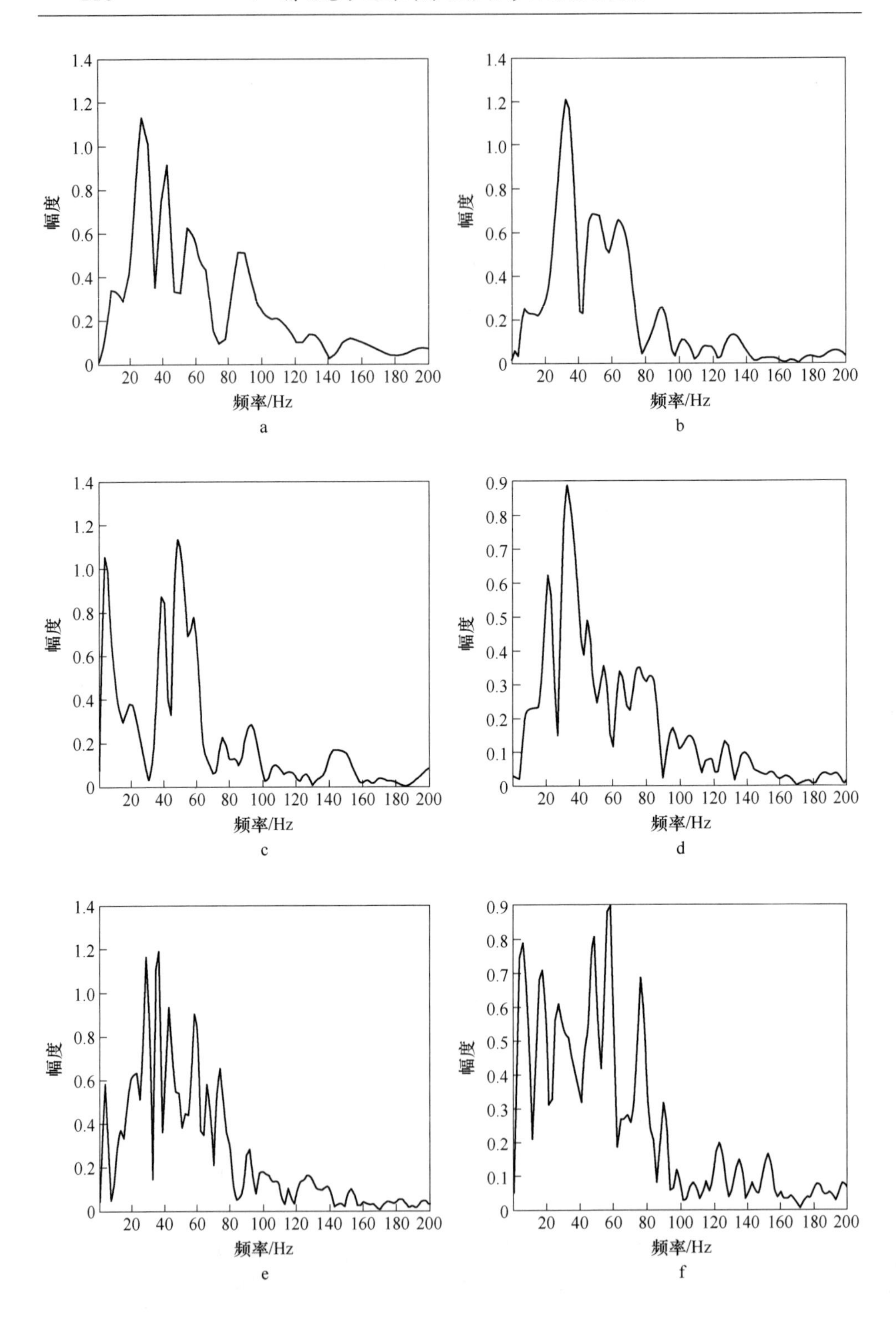

幅度
频率/Hz
a
b
c
d
e
f

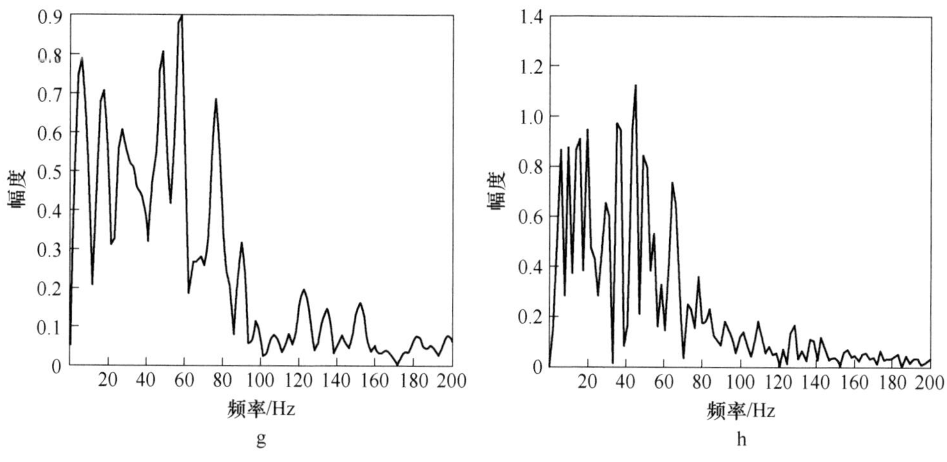

图 7-10 监测点 3 各组毫秒延时爆破傅里叶谱

a—5ms 延时爆破；b—10ms 延时爆破；c—15ms 延时爆破；d—20ms 延时爆破；
e—25ms 延时爆破；f—30ms 延时爆破；g—35ms 延时爆破；h—40ms 延时爆破

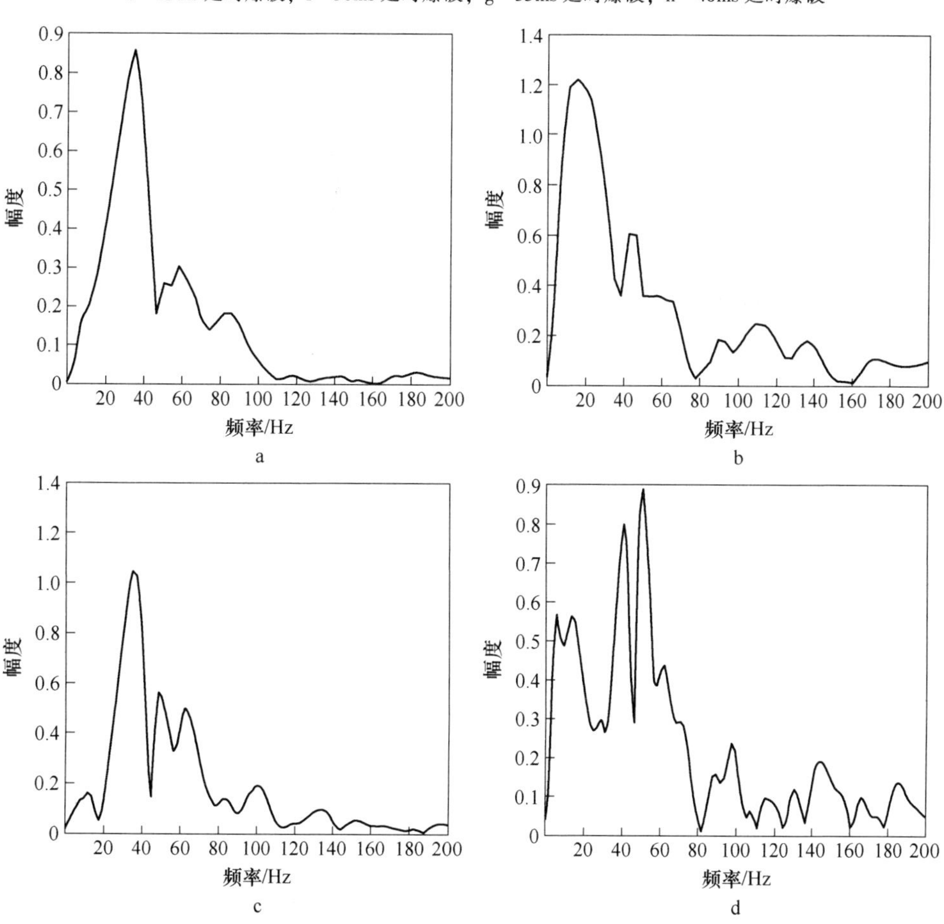

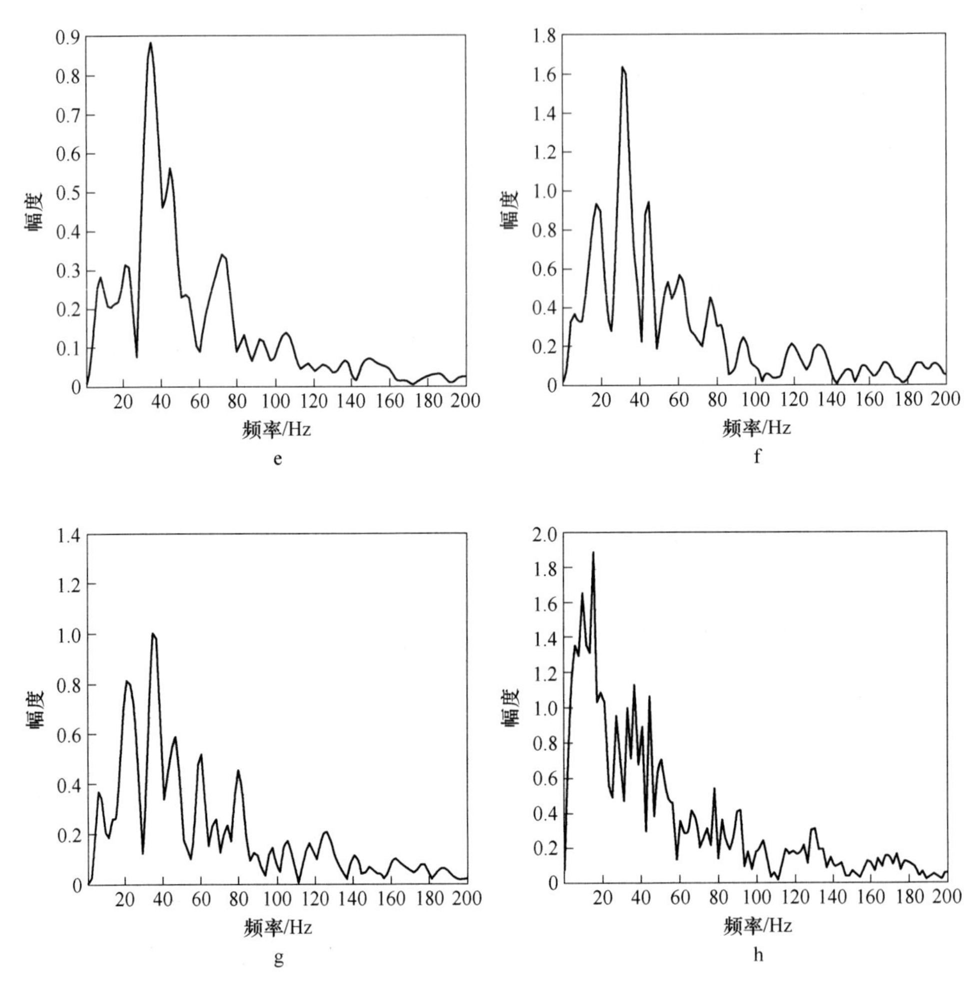

图 7-11　监测点 4 各组毫秒延时爆破傅里叶谱

a—5ms 延时爆破；b—10ms 延时爆破；c—15ms 延时爆破；d—20ms 延时爆破；
e—25ms 延时爆破；f—30ms 延时爆破；g—35ms 延时爆破；h—40ms 延时爆破

从图 7-9 可以看出，10ms 和 15ms 延时爆破主振频率最小，20ms 延时爆破主振频率最大。从图 7-10 可以看出，5ms 延时爆破主振频率最小，30ms 和 35ms 延时爆破主振频率最大。从图 7-11 可以看出，10ms 和 40ms 延时爆破主振频率最小，20ms 延时爆破主振频率最大。综合各图分析，虽然发现随着毫秒延期时间增加，爆破振动主振频率有变大趋势，频谱变化有复杂趋势，但是各图结果缺乏明显的规律。这可能是因为傅里叶变化是对稳态信号的分析方法，而爆破振动是非稳态的瞬变信号，因此有理由对傅里叶变化得出的各组毫秒延时爆破信号的主振频率进行怀疑。下面采用 HHT 分析方法对各组毫秒延时爆破信号的主振频率及其能量百分比进行分析。

7.3.2.2 希尔伯特-黄分析

对监测点 1、监测点 2 和监测点 3 中各组毫秒延时爆破振动信号进行希尔伯特-黄分析，并通过 Matlab 编程计算，得到各组毫秒延时爆破振动信号的 Hilbert 边际能量谱，如图 7-12～图 7-14 所示。

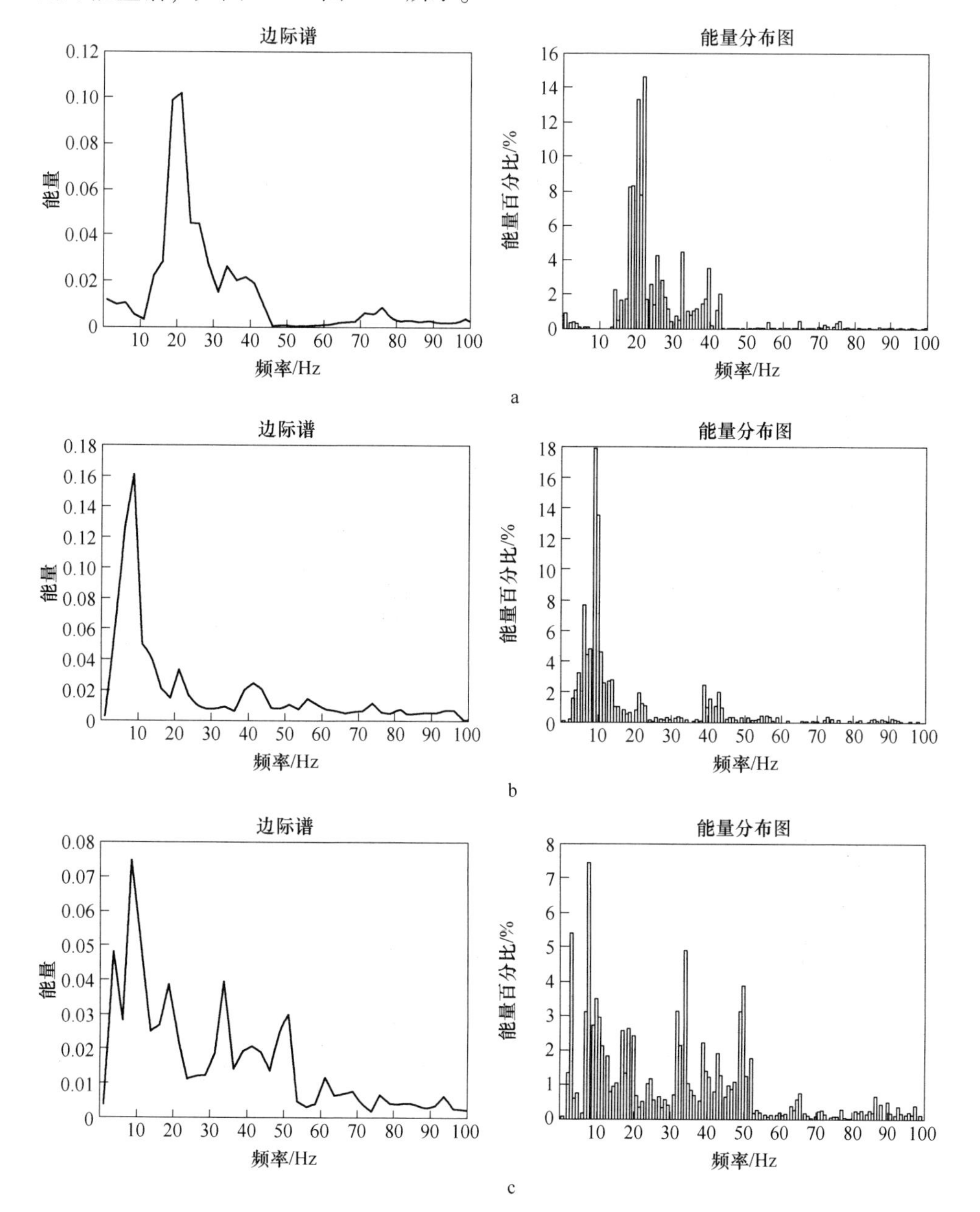

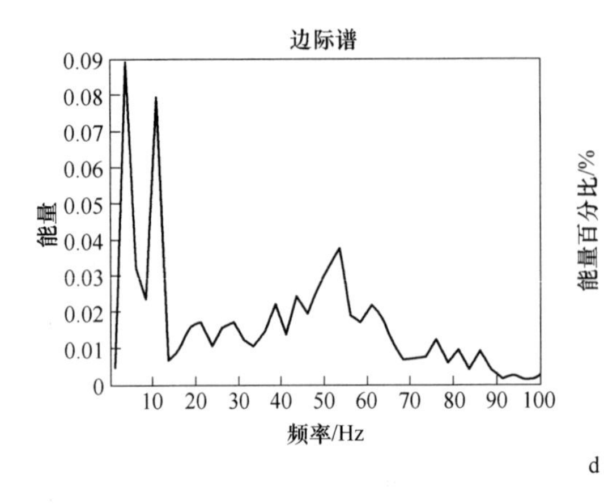
边际谱
能量
频率/Hz
0.09
0.08
0.07
0.06
0.05
0.04
0.03
0.02
0.01
0
10 20 30 40 50 60 70 80 90 100

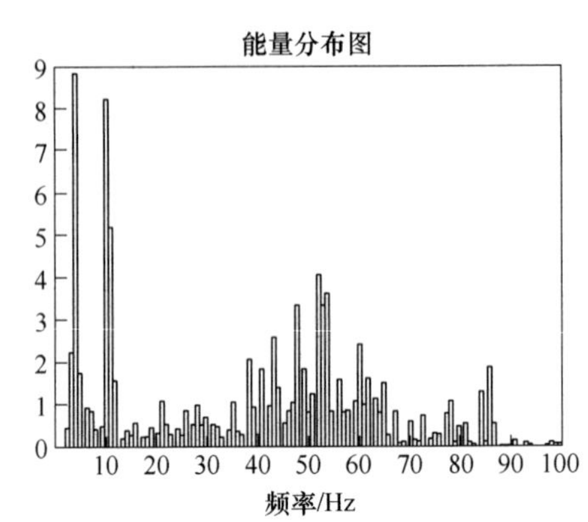
能量分布图
能量百分比/%
频率/Hz
9
8
7
6
5
4
3
2
1
0
10 20 30 40 50 60 70 80 90 100

d

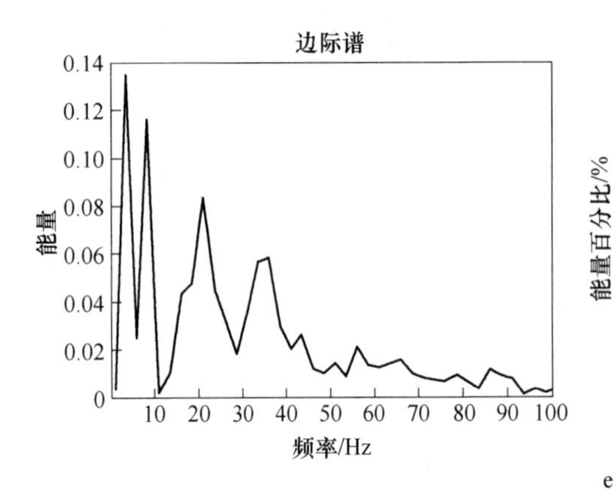
边际谱
能量
频率/Hz
0.14
0.12
0.10
0.08
0.06
0.04
0.02
0
10 20 30 40 50 60 70 80 90 100

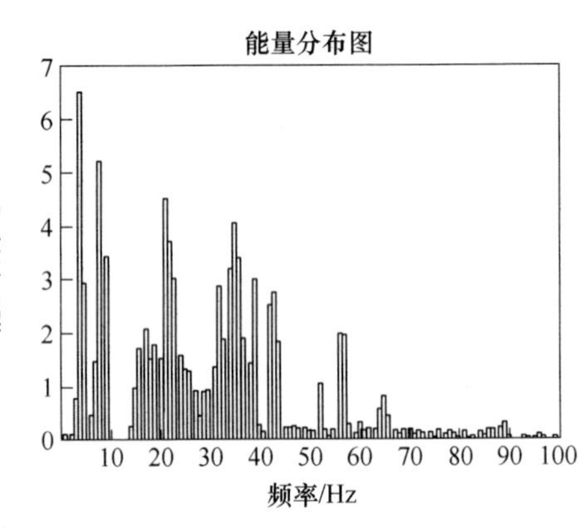
能量分布图
能量百分比/%
频率/Hz
7
6
5
4
3
2
1
0
10 20 30 40 50 60 70 80 90 100

e

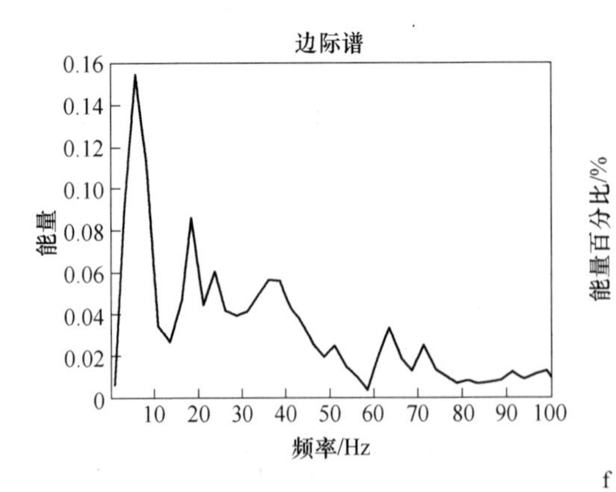
边际谱
能量
频率/Hz
0.16
0.14
0.12
0.10
0.08
0.06
0.04
0.02
0
10 20 30 40 50 60 70 80 90 100

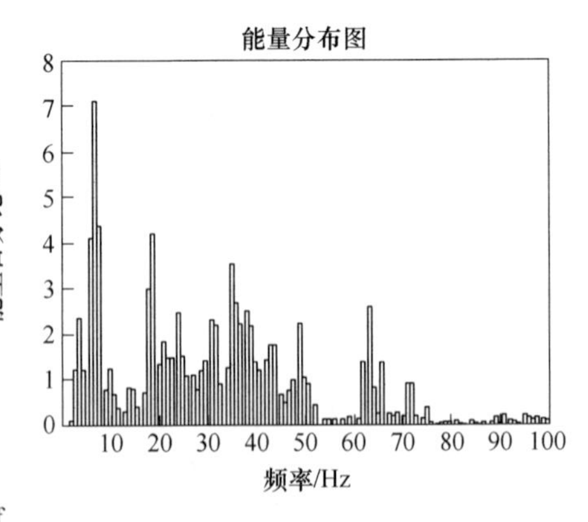
能量分布图
能量百分比/%
频率/Hz
8
7
6
5
4
3
2
1
0
10 20 30 40 50 60 70 80 90 100

f

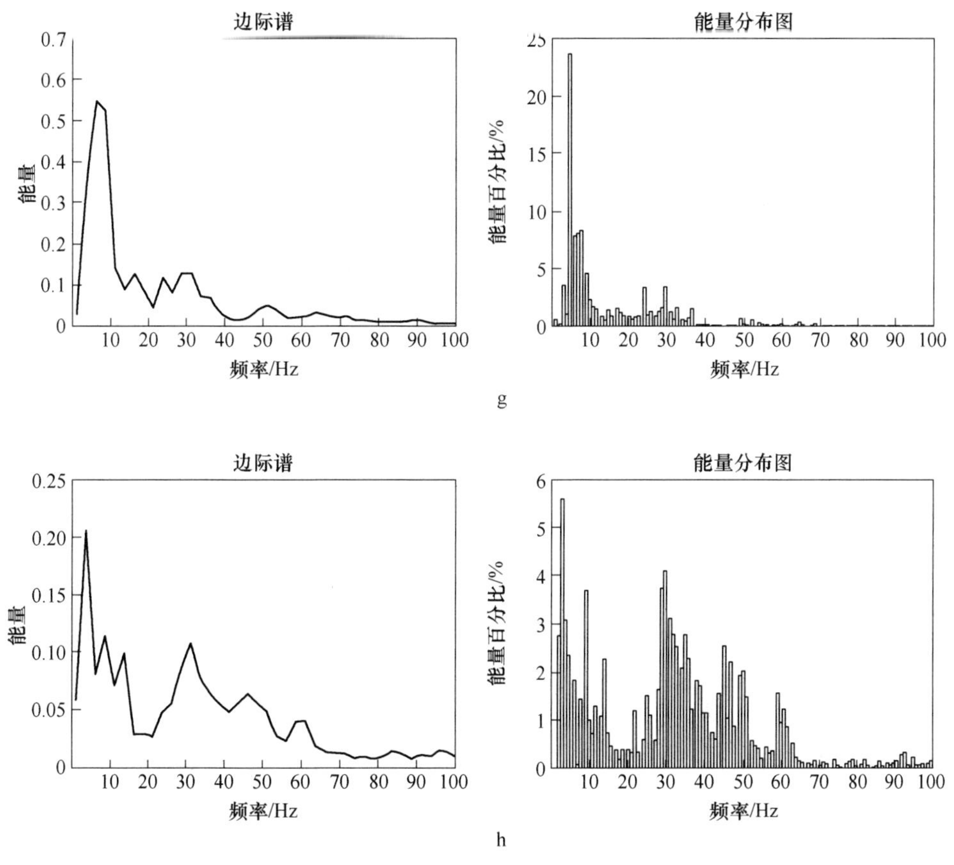

图 7-12 监测点 1 各组毫秒延时爆破信号边际能量谱和各频段能量百分比

a—5ms 延时爆破；b—10ms 延时爆破；c—15ms 延时爆破；d—20ms 延时爆破；
e—25ms 延时爆破；f—30ms 延时爆破；g—35ms 延时爆破；h—40ms 延时爆破

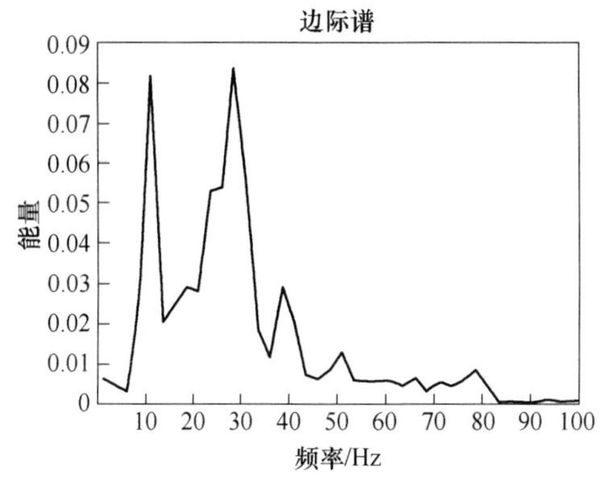

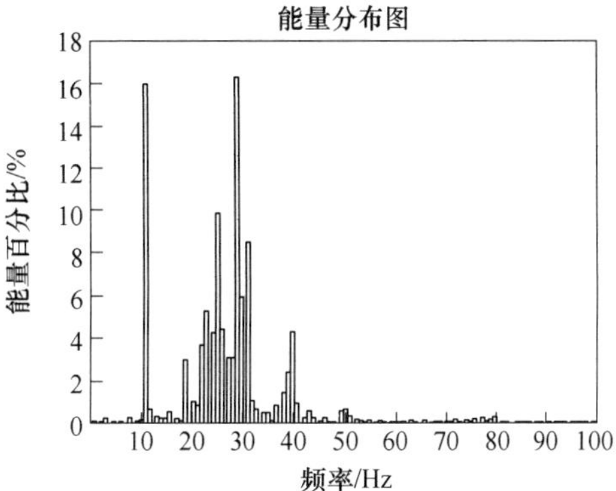

a

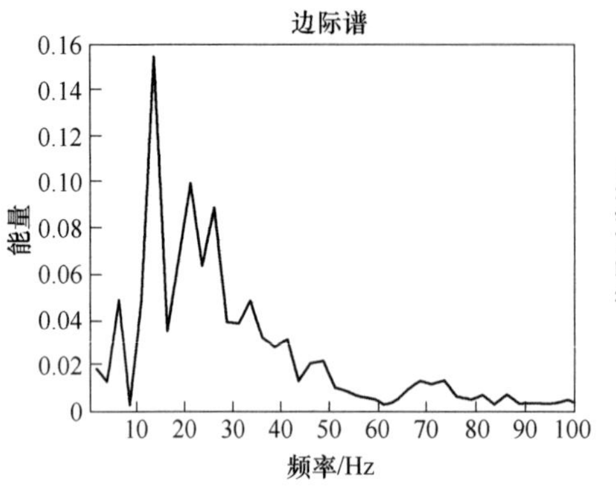
边际谱
0.16
0.14
0.12
0.10
0.08
0.06
0.04
0.02
0
能量
10 20 30 40 50 60 70 80 90 100
频率/Hz

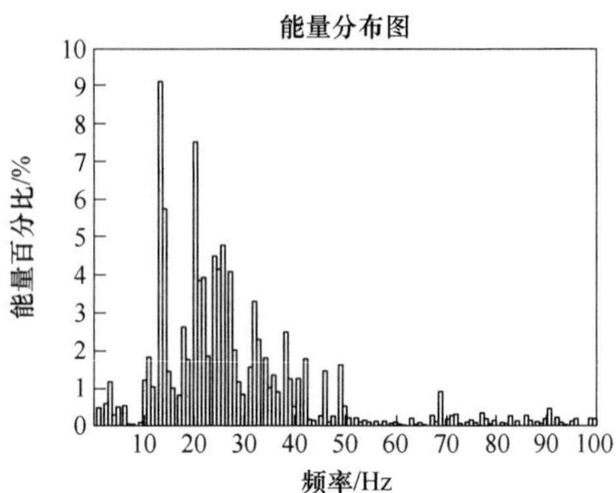
能量分布图
10
9
8
7
6
5
4
3
2
1
0
能量百分比/%
10 20 30 40 50 60 70 80 90 100
频率/Hz

b

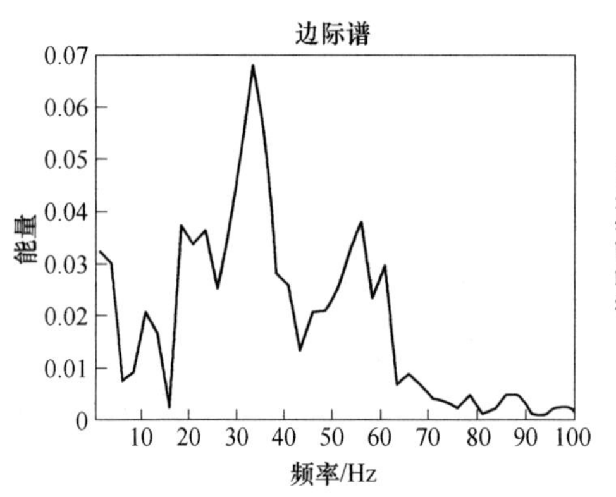
边际谱
0.07
0.06
0.05
0.04
0.03
0.02
0.01
0
能量
10 20 30 40 50 60 70 80 90 100
频率/Hz

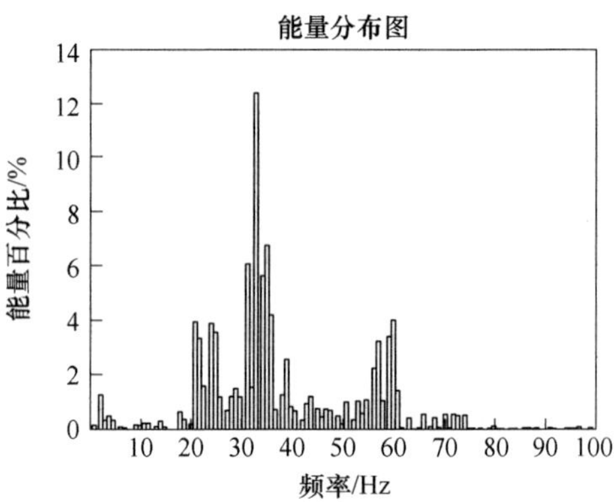
能量分布图
14
12
10
8
6
4
2
0
能量百分比/%
10 20 30 40 50 60 70 80 90 100
频率/Hz

c

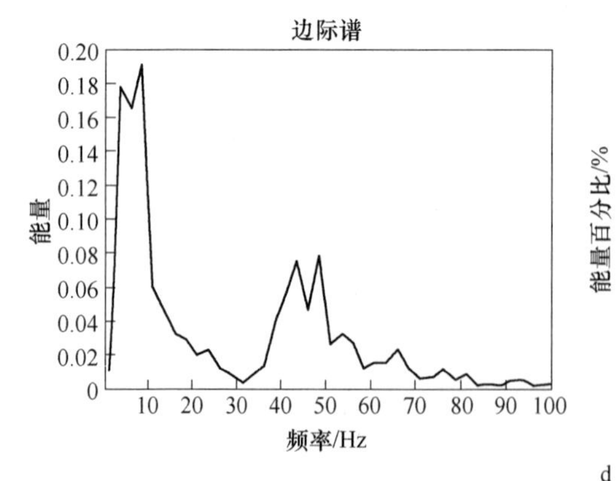
边际谱
0.20
0.18
0.16
0.14
0.12
0.10
0.08
0.06
0.04
0.02
0
能量
10 20 30 40 50 60 70 80 90 100
频率/Hz

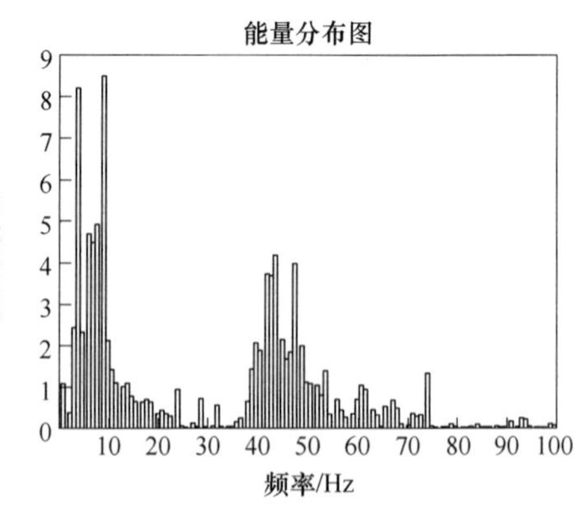
能量分布图
9
8
7
6
5
4
3
2
1
0
能量百分比/%
10 20 30 40 50 60 70 80 90 100
频率/Hz

d

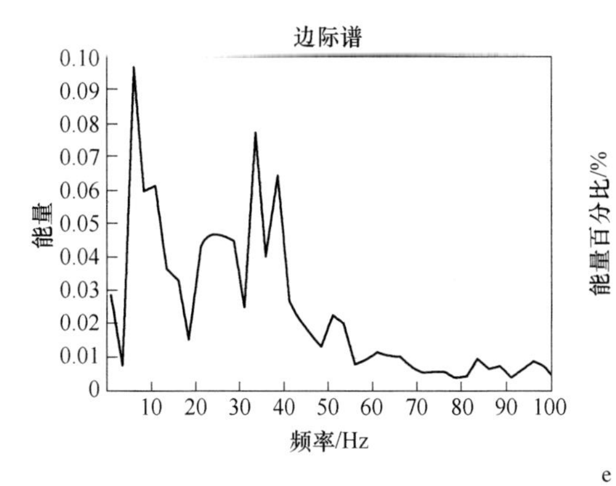
边际谱
能量
频率/Hz

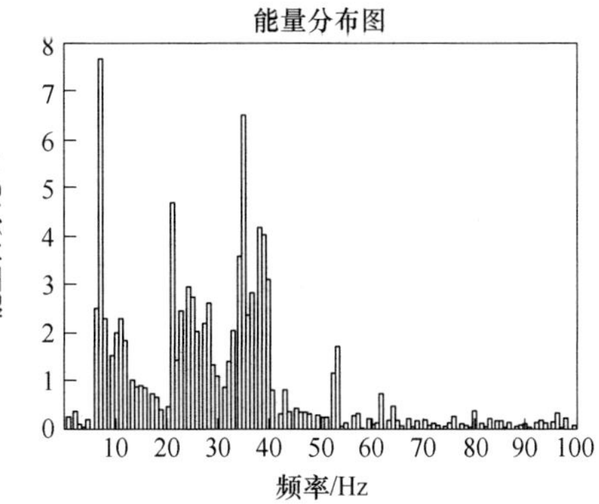
能量分布图
能量百分比/%
频率/Hz

e

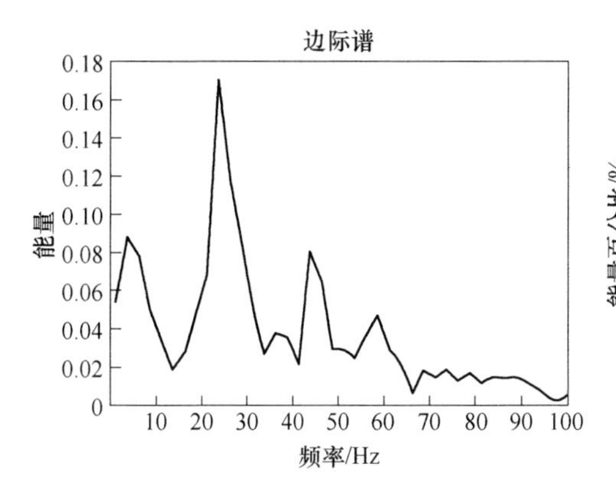
边际谱
能量
频率/Hz

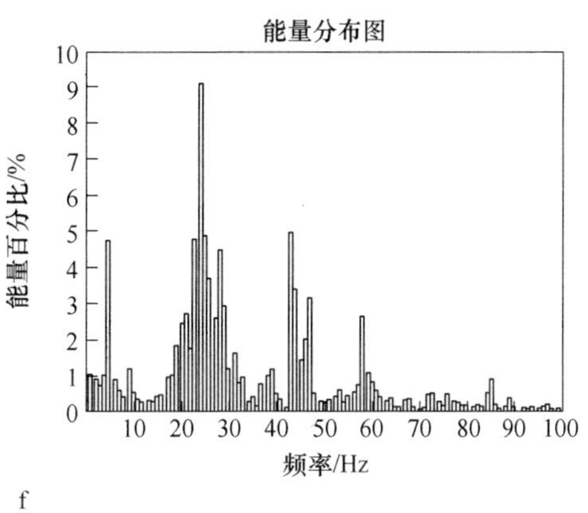
能量分布图
能量百分比/%
频率/Hz

f

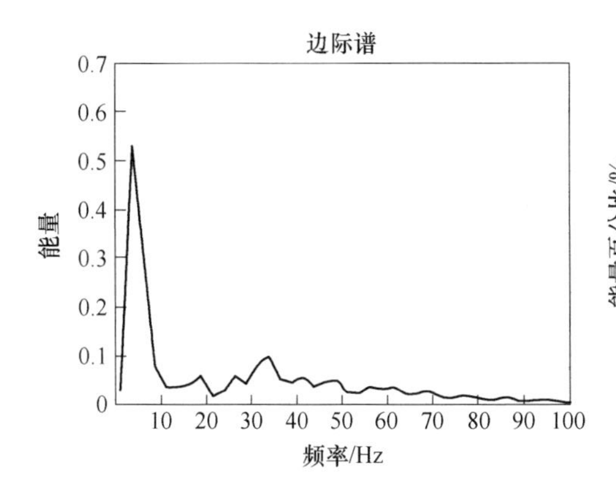
边际谱
能量
频率/Hz

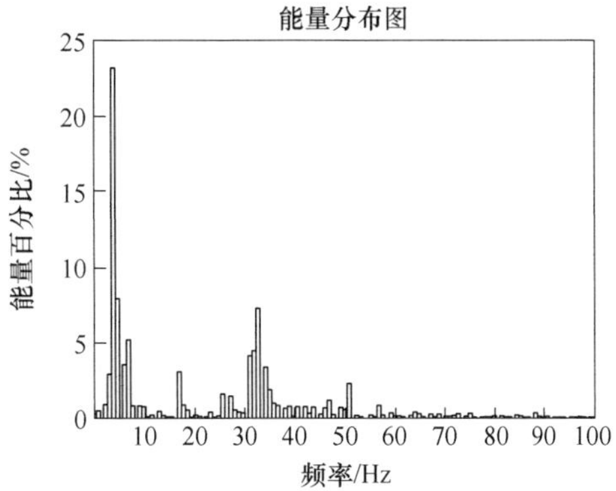
能量分布图
能量百分比/%
频率/Hz

g

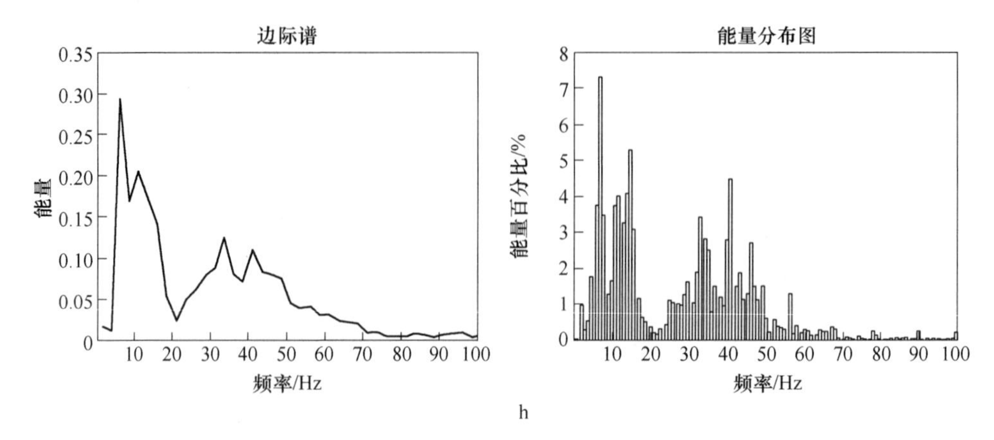

h

图 7-13　监测点 3 各组毫秒延时爆破信号边际能量谱和各频段能量百分比

a—5ms 延时爆破；b—10ms 延时爆破；c—15ms 延时爆破；d—20ms 延时爆破；
e—25ms 延时爆破；f—30ms 延时爆破；g—35ms 延时爆破；h—40ms 延时爆破

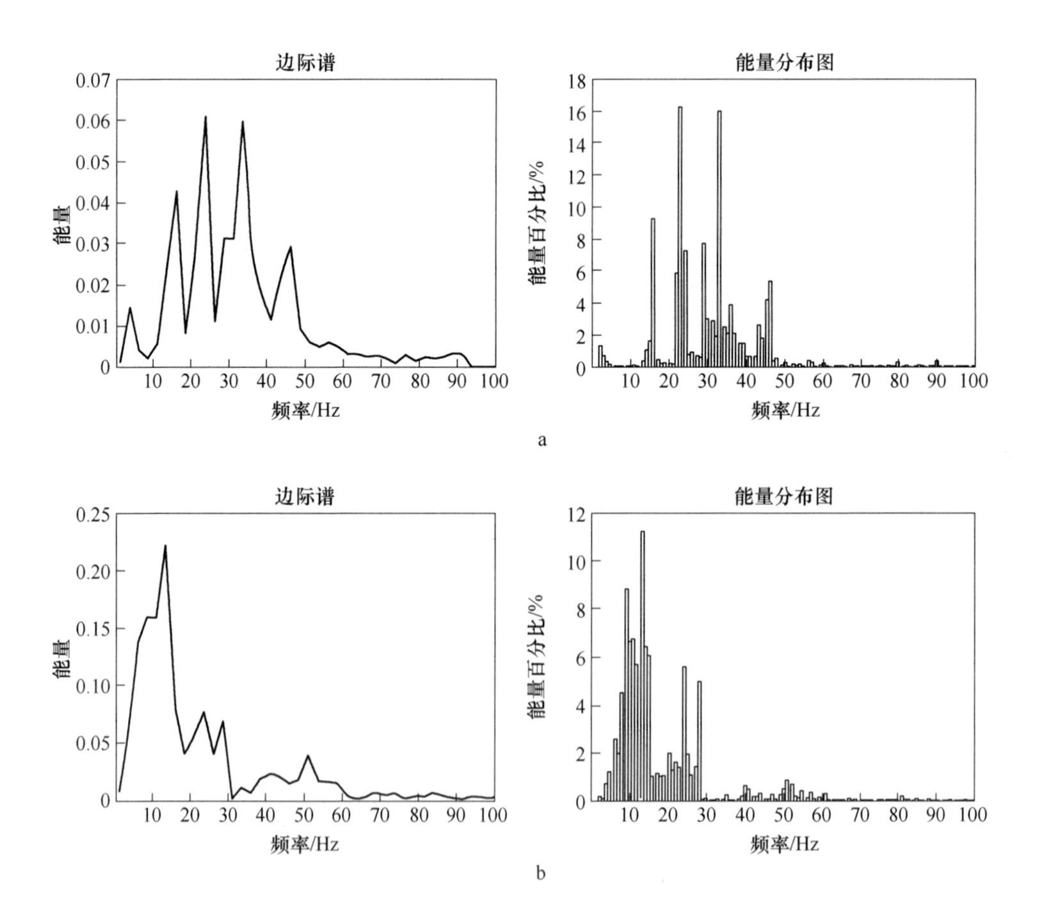

a

b

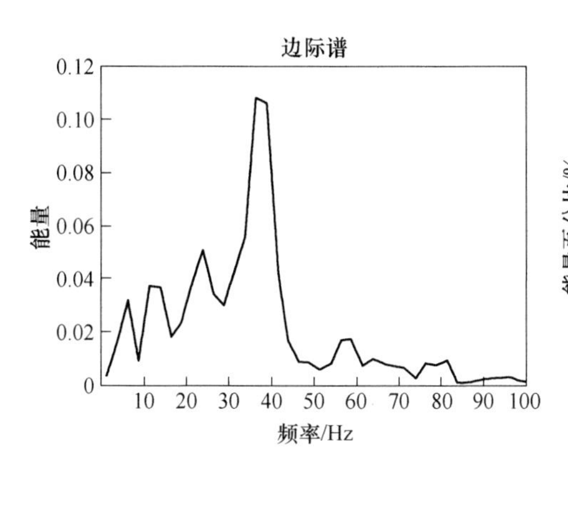
边际谱
0.12
0.10
0.08
0.06
0.04
0.02
0
能量
10 20 30 40 50 60 70 80 90 100
频率/Hz

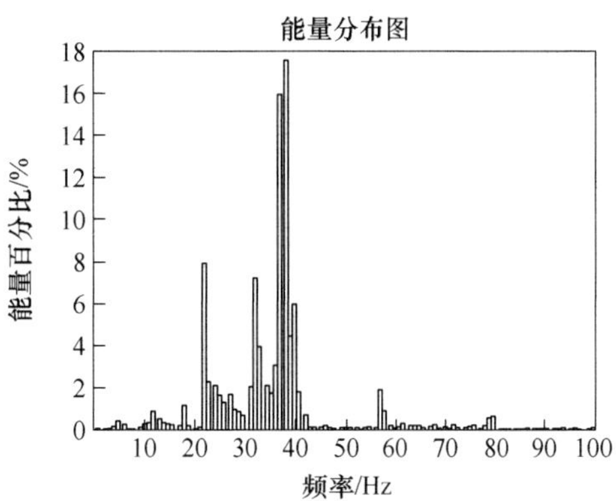
能量分布图
18
16
14
12
10
8
6
4
2
0
能量百分比/%
10 20 30 40 50 60 70 80 90 100
频率/Hz

c

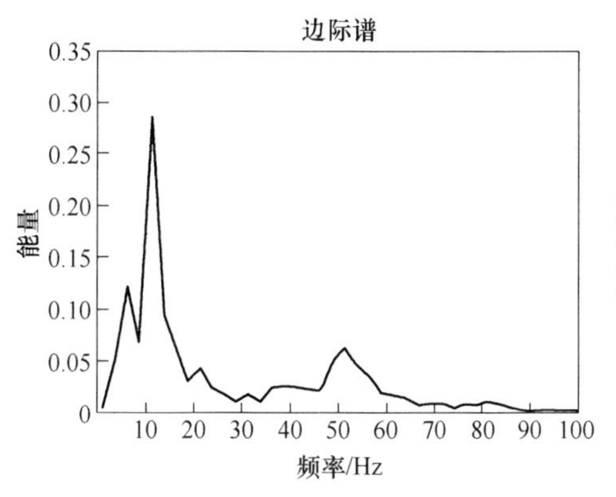
边际谱
0.35
0.30
0.25
0.20
0.15
0.10
0.05
0
能量
10 20 30 40 50 60 70 80 90 100
频率/Hz

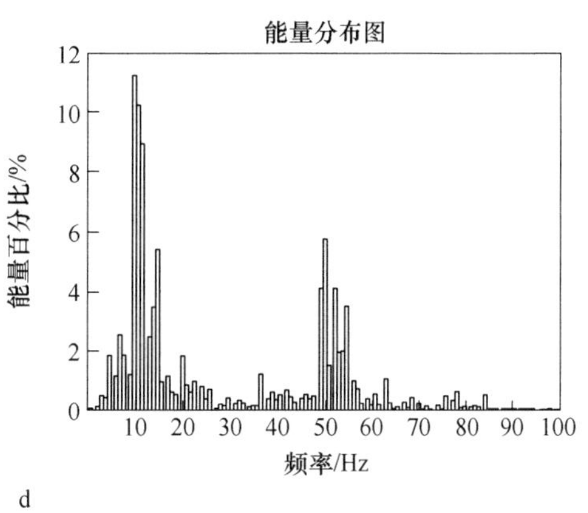
能量分布图
12
10
8
6
4
2
0
能量百分比/%
10 20 30 40 50 60 70 80 90 100
频率/Hz

d

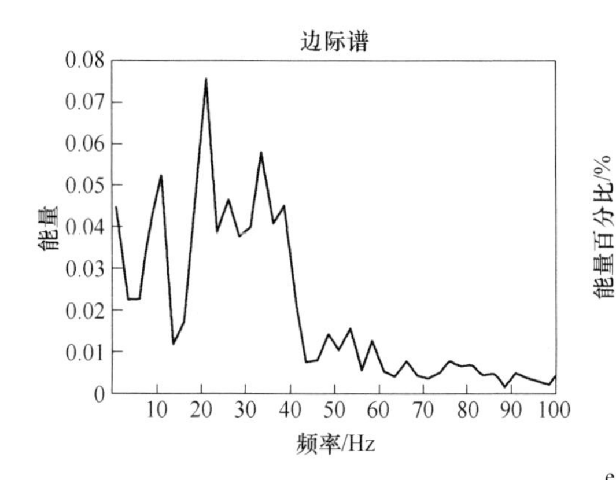
边际谱
0.08
0.07
0.06
0.05
0.04
0.03
0.02
0.01
0
能量
10 20 30 40 50 60 70 80 90 100
频率/Hz

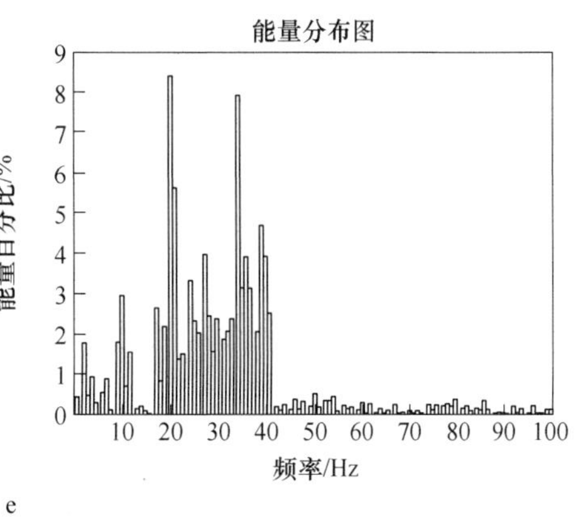
能量分布图
9
8
7
6
5
4
3
2
1
0
能量百分比/%
10 20 30 40 50 60 70 80 90 100
频率/Hz

e

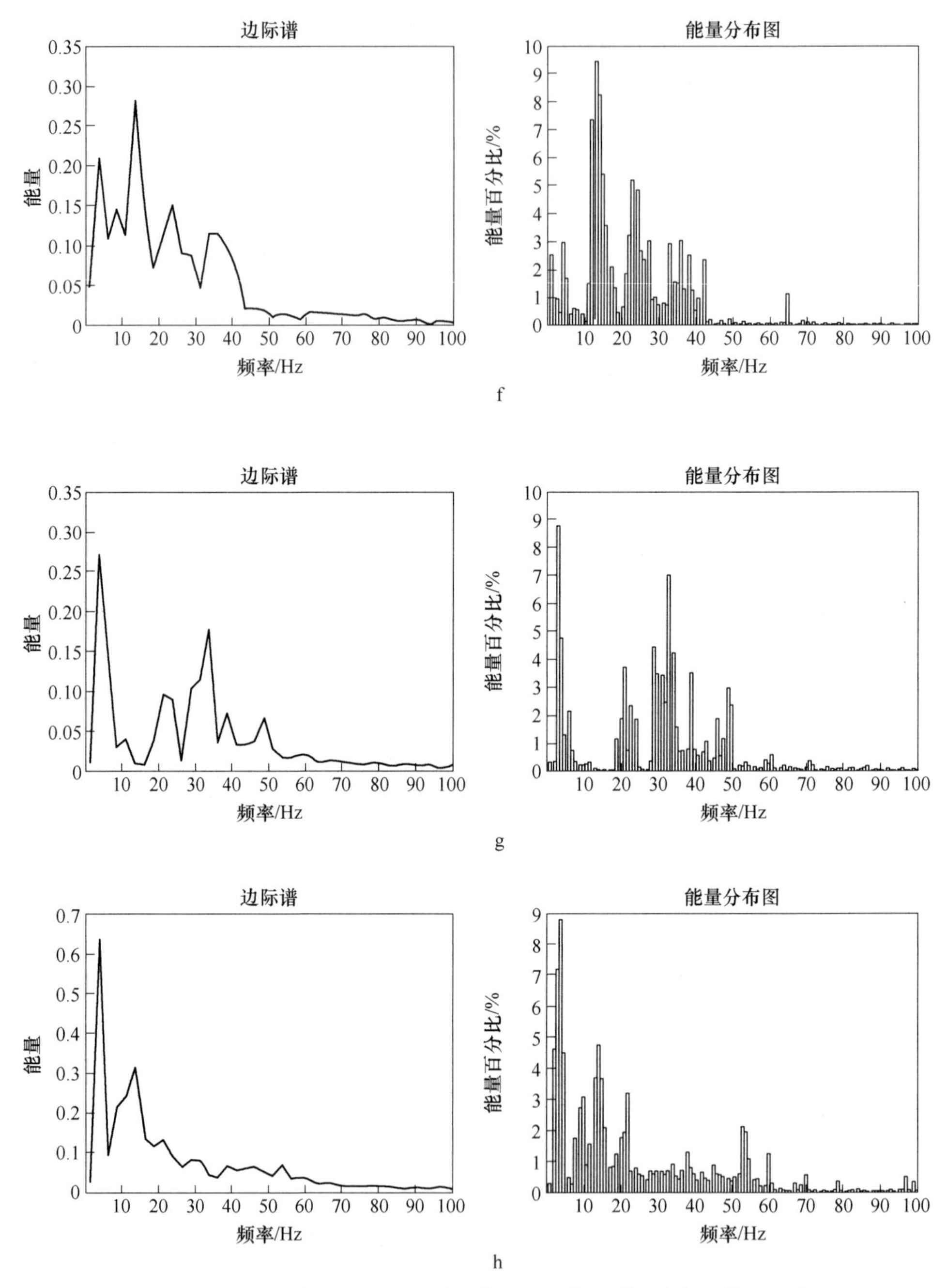

图 7-14　监测点 4 各组毫秒延时爆破信号边际能量谱和各频段能量百分比

a—5ms 延时爆破；b—10ms 延时爆破；c—15ms 延时爆破；d—20ms 延时爆破；
e—25ms 延时爆破；f—30ms 延时爆破；g—35ms 延时爆破；h—40ms 延时爆破

从图 7-12 可以看出：5ms 延时爆破地震波的主振频率最大，随着毫秒延期时间增加，爆破地震波的工振频率有减小趋势。从图 7-13 可以看出：15ms 延时爆破地震波的主振频率最大，5ms 延时爆破和 30ms 地震波的主振频率次之，其他毫秒延时爆破地震波的主振频率都在 10Hz 以下。从图 7-14 可以看出：15ms 延时爆破地震波的主振频率最大，5ms 延时爆破和 30ms 延时爆破地震波的主振频率次之，其他毫秒延时爆破地震波的主振频率都较小。综合以上 3 图可以看出，经孔间毫秒延时干扰叠加后，爆破地震波的主振频率变小，分析原因，主要是由于波形叠加组合的低通滤波特性导致的，正如本书第 5 章分析的，波形的叠加组合对低频地震波有选择放大作用，因此在各孔地震波干扰叠加之后，地震波的主振频率有变小趋势。而低频地震波更容易引起建构筑物的共振，对建构筑物的危害更大，因此在实际工程中应注意这种由于地震波叠加组合引起的主振频率变小，从而加大爆破振动危害的现象。在类似的爆破工程中，从爆破地震波主振频率的控制角度来看，取得良好降振效果的孔间毫秒延期间隔时间应以 5ms 和 15ms 为宜。

7.3.3　爆破地震波能量的对比分析

爆破振动对结构物的破坏过程实质上是一种能量输入和能量响应的过程，爆破地震波的能量作为输入能量通过结构体的地基输入到结构体，结构体由于自身特性的不同而将地震波能量转换为不同形式的能量，如动能、阻尼耗能和变形能等。作为总输入能量的爆破地震波能量虽然不能完全决定结构体的破坏状态，但是这种总输入能量的大小却是引起结构体破坏的根源，因此降低爆破地震波的总输入能量，也是有效控制爆破振动危害的重要措施。

对各组毫秒延时爆破地震波的总能量可采用公式（5-30）进行计算。由于监测到的振动信号是离散数据，则需要采用公式（5-33）进行计算。下面对监测点 3、监测点 4 各组毫秒延时爆破地震波的能量进行计算，计算结果如表 7-3 所示。

表 7-3　各组毫秒延时地震波能量

监测点	毫秒延时 /ms	水平径向能量 /kJ	水平切向能量 /kJ	垂直方向能量 /kJ	总能量 /kJ
监测点 3	5	2.27	1.15	2.34	5.76
	10	1.83	1.22	3.22	6.27
	15	1.76	0.75	2.91	5.42
	20	2.50	2.15	3.72	8.37
	25	3.39	1.37	1.75	6.51
	30	6.61	1.99	4.65	13.25

续表 7-3

监测点	毫秒延时 /ms	水平径向能量 /kJ	水平切向能量 /kJ	垂直方向能量 /kJ	总能量 /kJ
监测点 3	35	6. 58	2. 48	3. 46	12. 52
	40	3. 50	2. 38	4. 17	10. 05
监测点 4	5	0. 71	0. 38	1. 26	2. 35
	10	2. 52	0. 85	2. 72	6. 09
	15	0. 73	1. 24	1. 98	3. 95
	20	0. 98	0. 72	1. 28	2. 98
	25	1. 10	0. 67	1. 48	3. 25
	30	2. 33	1. 89	3. 17	7. 39
	35	3. 30	2. 23	2. 95	8. 48
	40	1. 99	3. 56	4. 86	10. 41

为了直观地显示结果，根据表 7-3 中数据绘出各组毫秒延时爆破地震波能量的对比图，如图 7-15 所示。从图中可以看出：监测点 3 和监测点 5 爆破地震波能量随着毫秒延期时间的变化虽不完全相同，但总体趋势基本一致，都是先增大后减小再增大。在监测点 3 当毫秒延时增大到 30ms 以后，爆破地震波能量又出现减小趋势。这种现象的出现可能是由于以下两种情况造成的：（1）监测点位置不同导致的，由于临空面的存在和起爆方向的不同，由不同监测点爆破振动信号计算出的地震波能量不同，爆破地震波能量更应该是爆源距离相同的波阵面的能量之和，应该通过多点监测求均值；（2）延期时间增大到一定值后，先爆炮孔造成的损伤区域加速了地震波能量的衰减。

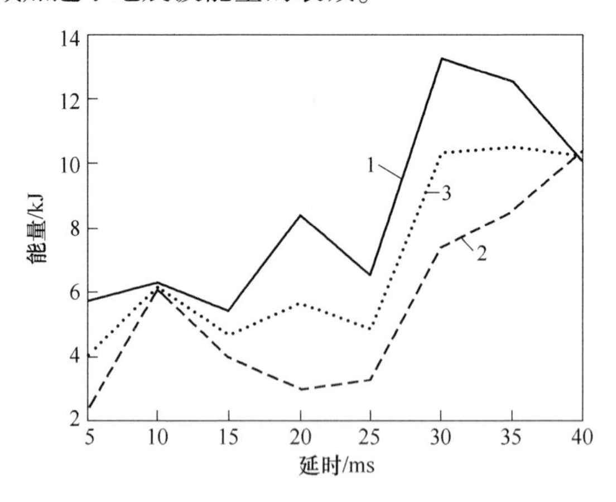

图 7-15　各组毫秒延时爆破地震波能量

1—监测点 3；2—监测点 4；3—两点均值

为了更近一步的分析，对两次监测点地震波能量求平均值，从图 7-15 中可以看出均值曲线随毫秒延期时间的增大先增加后减小，再增大到某点后趋于平衡。因此对于类似爆破工程，为降低爆破地震波的能量，毫秒延期时间以 5~15ms 为宜。

7.4 小结

本章利用数码电子雷管的精确延时功能，在遵义市新浦项目部洪水台平场工程爆破开挖现场进行了多组孔间不同毫秒延时爆破的现场实验，并根据监测的爆破振动数据对各组毫秒延时爆破的质点峰值振动速度、主振频率和地震波能量进行了对比分析，通过分析得出以下结论：

（1）在与本次实验地质条件和爆破参数基本相同的类似爆破工程中，为取得较小的质点峰值振动速度，孔间毫秒延时以 5~15ms 为宜。

（2）在类似的爆破工程中，从爆破地震波主振频率的控制角度来看，取得良好降振效果的孔间毫秒延期间隔时间应以 5ms 和 15ms 为宜。

（3）波形叠加组合具有低通滤波特性，各孔地震波干扰叠加之后，地震波的主振频率有变小趋势，对结构体的危害更大。因此在实际工程中应注意这种由于地震波叠加组合引起的主振频率变小，从而加大爆破振动危害的现象。

（4）爆破地震波能量随着毫秒延期时间的增加先增大后减小再增大到某一值后趋于平衡。建议在类似爆破工程中，为降低爆破地震波的能量，毫秒延期时间以 5~15ms 为宜。

参考文献

[1] 张雪亮，黄树棠．爆破地震效应［M］．北京：地震出版社，1981.

[2] 萨道夫斯基 M A. 地震预报［M］．陈英方等译．北京：地震出版社，1986.

[3] 冯叔瑜，吕毅，顾毅成．城市控制爆破［M］．北京：中国铁道出版社，1987.

[4] 孟吉复，惠鸿斌．爆破震动测试技术［M］．北京：冶金工业出版社，1992.

[5] 熊代余，顾毅成．岩石爆破理论与技术新进展［M］．北京：冶金工业出版社，2002.

[6] 张正宇，张文煊，吴新霞．现代水利水电工程爆破［M］．北京：中国水利水电出版社，2003.

[7] 于亚伦．工程爆破理论与技术［M］．北京：冶金工业出版社，2004.

[8] 王玉杰．爆破工程［M］．武汉：武汉理工大学出版社，2007.

[9] GB6722—2003　爆破安全规程［S］.

[10] 顾毅成，史雅语，金骥良．工程爆破安全［M］．合肥：中国科学技术大学出版社，2009.

[11] 曹建良．建筑结构对爆破震动响应的研究［D］．重庆：重庆大学，2008.

[12] 赵明生．爆破震动作用下建（构）筑物的安全评价研究［D］．武汉：武汉理工大学，2008.

[13] 张贤达，保铮．非平稳信号分析与处理［M］．北京：国防工业出版社，1998.

[14] 飞思科技产品研发中心．MATLAB 辅助信号处理技术与应用［M］．北京：电子工业出版社，2005.

[15] 赵明生，梁开水，曹跃，等．爆破地震作用下建（构）筑物安全标准探讨［J］．爆破，2008，25（4）：24~27.

[16] 唐飞勇，王意堂，梁开水．爆破振动信号特征分析的应用探讨［J］．爆破，2010，28（4）：109~111.

[17] 费鸿禄，马诺诺．坝基开挖爆破振动频带小波能量分析［J］．爆破，2010，27（3）：99~104.

[18] 徐佩霞．小波分析与应用实例［M］．合肥：中国科学技术大学出版社，1996.

[19] 胡昌华，李国华，刘涛，等．基于 MATLAB 6. X 的系统分析与设计——小波分析［M］．西安：西安电子科技大学出版社，2004.

[20] 胡昌华，张军波，夏军，等．基于 MATLAB 的系统分析与设计［M］．西安：西安电子科技大学出版社，1999.

[21] 徐红梅，郝志勇，贾维新，等．基于 S 变换的内燃机气缸盖振动特性研究［J］．内燃机工程，2008，29（3）：68~72.

[22] 王殿伟，李言俊，张科．基于 S 变换的时频特征提取与目标识别［J］．航空学报，2009，30（2）：305~310.

[23] 葛哲学，陈仲生．MATLAB 时频分析技术及其应用［M］．北京：人民邮电出版社，2006.

[24] 张宁．自适应时频分析及其时频属性提取方法研究［D］．青岛：中国海洋大学，2008.

[25] 李亚安，王军，李钢虎．基于自适应高斯核函数时频分布的水声信号处理研究［J］．系统仿真学报，2006，18（11）：3230~3233.
[26] 王晓凯，高静怀，何洋洋．基于时频自适应最优核的时频分析方法［J］．系统工程与电子技术，2010，32（1）：22~26.
[27] 王军，李然威，杜栓平．基于自适应时频分布的瞬时频率估计算法［J］．兵工学报，2009，30（10）：1315~1319.
[28] 毕明芽，李名山，刘朝红，等．爆破振动预测误差的因素分析［J］．爆破，2009，26（2）：96~98.
[29] 任祖华．基于窗函数的 FFT 谐波参数估计算法［J］．电测与仪表，2010，47（5）：8~12.
[30] 刘凤钱，赵明生，池恩安．爆破振动与车辆振动信号时频特性对比分析［J］．爆破，2010，27（4）：105~108.
[31] 凌同华，李夕兵，王桂尧．爆破震动灾害主动控制方法研究［J］．岩土力学，2007，28（7）：1439~1442.
[31] 张丹，段恒建，曾福洪．分段爆破地震强度的试验研究［J］．爆炸与冲击，2006，26（3）：279~283.
[32] 冯万慧．大型土石方爆破无限分段起爆网路技术研究［J］．工程爆破，2009，15（1）：38~40.
[33] 张丹．爆源因素对爆破地震强度分布特征的试验研究［D］．成都：西南交通大学，2007.
[34] 张志呈，张渝疆，李春晓．爆破地震波的频率特征及其影响因素［J］．四川冶金，2005，27（1）：1~5.
[35] 白绍良，黄宗明，肖明葵．结构抗震设计的能量分析方法与研究评述［J］．建筑结构，1997（4）：54~58.
[36] 徐彤，周云，贺明玄．能量反应谱及其影响因素的研究［J］．地震工程与工程振动，2000，20（1）：198~203.
[37] 程光煜，叶列平．弹性 SDOF 系统的地震输入能量谱［J］．工程抗震与加固改造，2006，28（5）：1~8.
[38] 周云，乐登，邓雪松．设计用地震动总输入能量谱研究［J］．工程抗震与加固改造，2008，30（5）：1~7.
[39] 滕军，董志君，容柏生．弹性 SDOF 体系能量反应谱研究［J］．建筑结构学报，2009（S1）：129~134.
[40] 吕西林，周德源，李思明，等．建筑结构抗震设计理论与实例［M］．上海：同济大学出版社，2002.
[41] 李国豪．工程结构抗爆动力学［M］．上海：上海科学技术出版社，1989.
[42] 张晓志，谢礼立，于海英．地震动反应谱的数值计算精度和相关问题［J］．地震工程与工程振动，2004（6）：15~26.
[43] 李洪涛，卢文波，舒大强．小波分析在爆破振动加速度推求中的应用［J］．爆破器材，

2006, 35 (5): 4~7.

[44] 中村小一郎. 科学计算引论: 基于 MATLAB 的数值分析 [M]. 梁恒, 刘晓艳译. 北京: 电子工业出版社, 2002.

[45] 高勇军, 陈小波, 王伟策. 小波分析在爆破地震信号降噪中的应用 [J]. 爆破, 1999, 16 (3): 3~7.

[46] 谢全民, 龙源, 钟明寿. 基于小波、小波包两种方法的爆破振动信号对比分析 [J]. 工程爆破, 2009, 15 (1): 5~9.

[47] 徐学勇, 程康. 爆破震动信号模极大值小波消噪方法的改进 [J]. 爆炸与冲击, 2009, 29 (3): 194~198.

[48] 熊正明, 中国生, 徐国元. 基于平移不变小波爆破振动信号去噪的应用研究 [J]. 金属矿山, 2006 (2): 12~15.

[49] 李夕兵, 张义平, 左宇军, 等. 岩石爆破振动信号的 EMD 滤波与消噪 [J]. 中南大学学报 (自然科学版), 2006, 37 (1): 150~154.

[50] 文莉, 刘正士, 葛运建. 小波去噪的几种方法 [J]. 合肥工业大学学报, 2002, 25 (2): 167~172.

[51] 陈可, 李野, 陈澜. EEMD 分解在电力系统故障信号检测中的应用 [J]. 计算机仿真, 2010, 27 (3): 263~266.

[52] Wu Zhaohua, Huang E. Ensemble empirical mode decomposition—a noise - assisted data analysis method [R]. Calverton: Center for Ocean-Land-Atmosphere Studies, 2005.

[53] 李永勤, 王清, 邓亲恺. EMD 及其在生物医学信号处理中的应用研究 [J]. 生物医学工程学杂志, 2005, 22 (5): 1058~1062.

[54] Zhang Dexiang, Wu Xiaopei, Lü Zhao. Speech endpoint detection in noisy environments using EMD and teager energy operator [J]. Journal of Electronic Science and Technology, 2010, 8 (2): 183~186.

[55] 钱昌松, 刘志刚. 基于新的模态单元滤波消除地震信号中的汽车噪声 [J]. 振动与冲击, 2010, 29 (5): 207~211.

[56] 韩海明, 沈涛虹, 宋汉文. 工况模态分析的 EMD 方法 [J]. 振动与冲击, 2002, 21 (4): 69~72.

[57] 蔡艳平, 李艾华, 王涛, 等. 基于 EMD-Wigner-Ville 的内燃机振动时频分析 [J]. 振动工程学报, 2010, 23 (8): 430~437.

[58] 曹冲锋, 杨世锡, 杨将新. 大型旋转机械非平稳振动信号的 EEMD 降噪方法 [J]. 振动与冲击, 2009, 28 (9): 33~39.

[59] 李海涛, 王成国, 许跃生, 等. 基于 EEMD 的轨道-车辆系统垂向动力学的时频分析 [J]. 中国铁道科学, 2007, 28 (5): 24~30.

[60] 卢文波, 赖世骧, 舒大强, 等. 关于爆破振动速度和加速度等效性问题的讨论 [J]. 爆破, 2000, 17 (s1): 11~14.

[61] 公茂盛. 地震动能量衰减规律的研究 [D]. 哈尔滨: 中国地震局工程力学研究所, 2002.

[62] 徐建．建筑结构设计常见及疑难问题解析［M］．北京，中国建筑工业出版社，2007.
[63] 周云．耗能减震加固技术与设计方法［M］．北京，科学出版社，2006.
[64] 李宏男．结构多维抗震理论［M］．北京，科学出版社，2006.
[65] 吕西林，蒋欢军．结构地震作用和抗震概念设计［M］．武汉，武汉理工大学出版社，2004.
[66] 陆新征，叶列平，廖志伟，等．建筑抗震弹塑性分析——原理、模型与在 ABAQUS，MSC. MARC 和 SPA2000 上的实践［M］．北京，中国建筑工业出版社，2009.
[67] 田启强．地震动作用下结构能量反应研究及能量法应用初步［D］．哈尔滨：中国地震局工程力学研究所，2010.
[68] 程光煜，叶列平．弹塑性 SDOF 系统的地震输入能量谱［J］．工程力学，2008，25（2）：28~39.
[69] 刘哲锋，沈蒲生．地震动输入能量谱的研究［J］．工程抗震与加固改造，2006，28（4）：1~5.
[70] 丁玉春，朱晞．地震动中输入能量的探讨［J］．北京交通大学学报，2007，31（4）：49~51.
[71] 阳生权．爆破震动累积效应理论和应用初步研究［D］．长沙：中南大学，2002.
[72] 翟长海，谢礼立，吴知丰．基于台湾集集地震的结构滞回耗能影响分析［J］．哈尔滨工业大学学报，2006，38（1）：59~62.
[73] 郭子雄，杨勇．恢复力模型研究现状及存在问题［J］．世界地震工程，2004，20（4）：47~51.
[74] 肖明葵．基于性能的抗震结构位移及能量反应分析方法研究［D］．重庆：重庆大学，2004.
[75] 徐赵东，郭迎庆．MATLAB 语言在建筑抗震工程中的应用［M］．北京：科学出版社，2004.
[76] 盛明强．基于滞回耗能的结构抗震性能评价方法研究［D］．上海：同济大学，2008.
[77] 肖明葵，刘纲，白绍良．滞回恢复力模型中求折点的一种方法［J］．重庆大学学报（自然科学版），2002，25（1）：13~16.
[78] 朱镜清．论结构动力分析中的数值稳定性［J］．力学学报，1983，27（4）：388~395.
[79] 朱镜清，朱晓力，王东升．非弹性反应谱计算的一个改进算法［J］．地震工程与工程振动，2005，25（5）：50~54.
[80] 公茂盛，翟长海，谢礼立，等．地震动滞回能量谱衰减规律研究［J］．地震工程与工程振动，2004，24（2）：8~16.
[81] 刘哲峰．地震能量反应分析方法及其在高层混合结构抗震评估中的应用［D］．长沙：湖南大学，2006.
[82] 田启强，丰彪，王自法，等．地震总输入能自抵耗效应研究［J］．地震工程与工程振动，2010，30（6）：65~70.
[83] 吴波，李洪泉，欧进萍．地震后有损伤结构的耗能减震加固设计［J］．世界地震工程，1995（2）：1~7.

[84] 李森，黄坤耀，郑亮，等．耗能减震技术在加固改造工程中的应用［J］. 建筑结构，2010，40（3）：68~70.

[85] 吴学淑．基于设计使用年限和位移的耗能减震加固设计［J］. 建筑结构，2010，40（S1）：99~102.

[86] 杜永峰，耿继芳．利用简易耗能装置提高填充墙耗能减震能力的数值模拟［J］. 工程抗震与加固改造，2011，33（1）：38~42.

[87] 李同林．应用弹塑性力学［M］. 武汉：中国地质大学出版社，2002.

[88] 左琼，吴强，陈少林．速度脉冲型地震动瞬时输入能特性研究［J］. 工业建筑，2009，39（S1）：186~190.

[89] 胡冗冗，王亚勇．地震动瞬时能量与结构最大位移反应关系研究［J］. 建筑结构学报，2000，21（1）：71~76.

[90] 胡冗冗，王亚勇．基于瞬时输入能量的SDOF弹塑性结构最大位移反应分析［J］. 世界地震工程，2002，18（4）：155~158.

[91] 胡冗冗，王亚勇．地震动瞬时输入能量谱探讨［J］. 工程抗震，2004，26（1）：9~13.

[92] 刘强，周瑞忠，刘宇航．地震动瞬时能量谱与结构位移响应关系研究［J］. 地震工程与工程振动，2009，29（5）：48~53.

[93] 刘哲锋，沈蒲生，胡习兵．地震总输入能量与瞬时输入能量谱的研究［J］. 地震工程与工程振动，2006，26（6）：31~36.

[94] 陈逵，刘哲锋，沈蒲生．结构瞬时输入能量反应持时谱的研究［J］. 工程力学，2011，28（1）：19~26.

[95] 瞿伟廉，李桂青．建筑结构基于双重破坏准则的抗震可靠性［J］. 土木工程学报，1989，22（1）：76~85.

[96] 王亚勇．关于设计反应谱、时程法和能量方法的探讨［J］. 建筑结构学报，2000，21（1）：21~27.

[97] 肖正学，张志臣，李朝鼎．爆破地震波动力学基础与地震效应［M］. 成都：电子科技大学出版社，2004.

[98] 周铎，袁绍国．地震振动与爆破振动对建筑物影响的区别与联系［J］. 露天采矿技术，2010，16（3）：68~69.

[99] 王常峰，朱东生，田琪．基于瞬时能量的双线性系统最大位移研究［J］. 振动工程学报，2003，16（1）：105~108.

[100] 王常峰，朱东生．双线性系统地震动瞬时能量研究［J］. 兰州铁道学院学报（自然科学版），2001，20（4）：54~59.

[101] 魏海霞．爆破地震波作用下建筑结构的动力响应及安全判据研究［D］. 青岛：山东科技大学，2010.

[102] 刘援农．基于瞬时输入能量的爆破震动安全标准分析［J］. 采矿技术，2011，11（2）：83-86.

[103] 杨志勇，李桂青，瞿伟廉．结构阻尼的发展及其研究近况［J］. 武汉工业大学学报，2000，22（3）：38~41.

[104] 卜建清，郭奕清．钢筋混凝土简支梁不同工况下自振频率和阻尼比试验研究［J］．中国铁道科学，2008，29（1）：36~40.
[105] 张卫东，张益群．传递矩阵法计算建筑结构的固有特性［J］．昆明理工大学学报，1999，24（3）：88~91.
[106] 于永德，王日松．脉动法测试建筑结构的动力学参数［J］．武汉水运工程学院学报，1993，17（3）：339~342.
[107] 吴立，饶杨安，黄常波．爆破振动分析预测与控制方法综述［J］．水文地质工程地质，2004，(S1)：136~140.
[108] 徐全军，龙源，张庆明，等．微差爆破震动叠加起始位置数值模拟［J］．力学与实践，2000，22（5）：45~48.
[109] 朱立岩. 毫秒延时雷管精度对爆破地震安全的影响［J］. 水运工程，2006（12）：12~14.
[110] 凌同华，李夕兵. 用小波变换识别毫秒延迟爆破中的实际延迟时间［J］. 湖南科技大学学报（自然科学版），2004，19（2）：21~23.
[111] 吕淑然. 露天台阶爆破地震效应及控制研究［D］. 北京：北京理工大学，2004.
[112] 徐连生. 高精度导爆管雷管的应用研究与工业试验［J］. 金属矿山，2004（8）：29~34.
[113] 王华. 数码电子雷管在露天深孔爆破中的应用试验［J］. 铜业工程，2011（4）：22~27.
[114] 杨军，徐更光，高文学. 精确延时起爆控制爆破地震效应研究［C］//汪旭光. 中国工程科技论坛第125场论文集：爆炸合成新材料与高效、安全爆破关键科学和工程技术. 北京：冶金工业出版社，2011：459~466.
[115] 范文忠. 东鞍山铁矿深孔爆破合理微差间隔时间的研究［J］. 鞍山钢铁学院学报，1984（3）：15~20.
[116] 杨志红. 微差起爆技术及其对爆破效应影响研究［D］. 武汉：武汉大学，2005.
[117] 唐春海，于亚伦，王建宙. 爆破震动安全判据的初步探讨［J］. 有色金属，2001，53（1）：1~4.
[118] 焦永斌. 爆破地震安全评定标准初探［J］. 爆破，1995，12（3）：45~47.
[119] 言志信，王永和，江平，等. 爆破地震测试及建筑结构安全标准研究［J］. 岩石力学与工程学报，2003，22（11）：1907~1911.
[120] 言志信，吴德伦，王漪，等. 地震效应及安全研究［J］. 岩土力学，2002，23（2）：201~203.
[121] 汪旭光，于亚伦. 关于爆破震动安全判据的几个问题［J］. 工程爆破，2001，7（2）：88~92.
[122] 国家质量监督检验检疫总局. GB6722—2033　爆破安全规程［S］. 北京：中国标准出版社，2003.
[123] 阳生权，廖先葵，刘宝琛. 爆破地震安全判据的缺陷与改进［J］. 爆炸与冲击，2001，21（3）：223~228.

[124] 阳生权，刘宝琛. 控爆中配电站等安全问题的处理 [J]. 工程爆破，2000，6 (3)：89~92.

[125] 言志信，彭宁波，江平，等. 爆破振动安全标准探讨 [J]. 煤炭学报，2011，36 (8)：1281~1284.

[126] 凌同华，廖艳程，张胜. 岩体爆破震动损伤评估的多元判别分析模型 [J]. 中南大学学报 (自然科学版)，2010，41 (1)：322~327.

[127] 李庆利. 放马峪铁矿爆破振动预测分析 [J]. 工程爆破，2009，15 (1)：13~15.

[128] 韩万东，马建兴. 爆破振动对马家塔露天煤矿建筑物的影响 [J]. 煤炭科学技术，2007，35 (12)：65~67.

[129] 娄建武，龙源，方向，等. 基于反应谱值分析的爆破震动破坏评估研究 [J]. 爆炸与冲击，2003，23 (1)：41~46.

[130] 孙新建，孙建生，刘婧. 基于相对位移反应谱分析的岩石爆破震动损伤评估 [J]. 水利发电学报，2011，30 (6)：127~132.

[131] 唐鸿卿. 应用速度反应谱研究多层建筑物爆破地震安全标准 [D]. 武汉：长江科学院，2008.

[132] 杜汉清. 爆破振动衰减规律的现场试验研究 [J]. 爆破，2007，24 (3)：107~109.

[133] 徐全军，毛致远，张庆明. 深孔微差爆破震动预报浅析 [J]. 爆炸与冲击，1998，18 (2)：182~186.

[134] 王民寿，郭庆海. 用双随机变量回归改进爆破振速回归分析 [J]. 爆炸与冲击，1998，18 (3)：283~288.

[135] 黄光球，桂中岳. 确定爆破工程中真实经验公式的遗传规划方法 [J]. 工程爆破，1997，3 (3)：15~22.

[136] 言志信，言湦，江平，等. 爆破振动峰值速度预报方法探讨 [J]. 振动与冲击，2010，29 (5)：179~182.

[137] 吕淑然. 露天台阶爆破地震效应 [M]. 北京：首都经济贸易大学出版社，2006：245~265.

[138] 李庆利. 露天台阶爆破振动速度与频率预测研究 [D]. 北京：首都经济贸易大学，2009.

[139] 史秀志，林大能，陈寿如. 基于粗糙集模糊神经网络的爆破振动危害预测 [J]. 爆炸与冲击，2009，29 (4)：401~407.

[140] Sher E N, Chernikov A G. Seismic vibrations in bulk blasting with high-precise elcetronic and nonelectric blasting systems at quarries [J]. Journal of Mining Science, 2009, 45 (6): 563~568.

[141] 刘军，吴从师，高全臣. 建筑结构对爆破震动的响应预测 [J]. 爆炸与冲击，2002，20 (4)：333~337.

[142] 史秀志. 爆破振动信号时频分析与爆破振动特征参量和危害预测研究 [D]. 长沙：中南大学，2007.

[143] 张贤达，保铮. 非平稳信号分析与处理 [M]. 北京：国防工业出版社，1998：26~176.

[144] 张奇，白春华，刘庆明. 爆破地震波频谱特性研究 [J]. 北京理工大学学报，1999，19 (3)：306~308.

[145] 郭学彬，肖正学. 爆破地震波的频谱特性研究 [J]. 化工矿物与加工，1999，28 (7)：18~20.

[146] 林秀英，张志呈. 爆破地震波的频谱分析 [J]. 中国矿业，2000，6 (9)：77~80.

[147] 范磊，沈蔚. 爆破振动频谱特性实验研究 [J]. 爆破，2001，18 (4)：18~20.

[148] 马瑞恒，时党勇. 爆破振动信号的时频分析 [J]. 振动与冲击，2005，24 (4)：92~96.

[149] Morlet J. Wave Propagation and sampling theory [J]. Geophysics，1982，47 (2)：203~236.

[150] Daubechies I. Orthonormal bases of compactly supported wavelets Ⅱ：variations on atheme [J]. SIAM Journal on Mathematical Analysis，1993，24 (2)：499~519.

[151] Daubechies I. The wavelet transform，time frequency localization and signal analysis [J]. IEEE Transactions on Information Theory，1990，65 (5)：961~1006.

[152] 李建平，张万萍，陈廷槐，等. 小波分析的一些有前景的应用领域 [J]. 重庆大学学报，1999，22 (1)：121~125.

[153] 李建平，唐远炎. 小波分析方法的应用 [M]. 重庆：重庆大学出版社，1999：9~16.

[154] Weave J R. Filtering noise from images with wavelet transform [J]. Magnetic Resonance in Medicine，1995 (21)：288~295.

[155] Gurley K，Kareem A. Applications of wavelet transforms in earthquake wind and ocean engineering [J]. Engineering Structures，1999，21 (2)：149~167.

[156] 宋光明. 爆破振动小波包分析理论与应用研究 [D]. 长沙：中南大学，2001.

[157] 娄建武，龙源，徐全军，等. 基于小波包技术的爆炸地震波特征提取及预报 [J]. 爆炸与冲击，2004，24 (31)：261~267.

[158] 何军，于亚伦. 爆破震动信号的小波分析 [J]. 岩土工程学报，1998，20 (1)：47~50.

[159] 林大超，施惠基，白春华，等. 爆破地震效应的时频分析 [J]. 爆炸与冲击，2003，23 (1)：31~36.

[160] 龙源，娄建武，徐全军，等. 小波分析在结构物对爆破振动响应的能量分析法中的应用 [J]. 爆破器材，2001，30 (3)：1~5.

[161] 宋光明，曾新吾，陈寿如，等. 基于波形预测小波包分析模型的降振微差时间选择 [J]. 爆炸与冲击，2003，23 (2)：163~168.

[162] 凌同华，李夕兵. 爆破振动信号不同频带的能量分布规律 [J]. 中南大学学报，2004，35 (2)：310~315.

[163] 中国生，敖丽萍，赵奎. 基于小波包能量谱爆炸参量对爆破振动信号能量分布的影响 [J]. 爆炸与冲击，2009，29 (3)：300~305.

[164] 曾峰. 基于经验模式分解的信号处理方法研究 [D]. 郑州：河南大学，2007.

[165] 谢桂海，李浩，杨磊. 非平稳数据处理方法与瞬时频率 [J]. 军械工程学报，2006，

18 (6): 70~74.

[166] 张义平，李宝山，王永明，等. 基于 Hilbert 谱的爆破震动瞬时输入能量模型及计算 [J]. 矿业研究与开发，2009，29 (4): 88~90.

[167] 张义平，李夕兵，左宇军. 爆破振动信号的 HHT 分析与应用 [M]. 北京：冶金工业出版社，2008: 22~153.

[168] Huang N E, Shen Zheng, Steven R L. A new view of nonlinear water waves: the Hilbert spectrum [J]. Annu. Rev. Fluid Mech., 1999 (31): 417~457.

[169] 邓拥军，王伟，钱成春. EMD 方法及 Hilbert 变换中边界问题的处理 [J]. 科学通报，2001，46 (3): 255~263.

[170] 牛成俊. 微差爆破与震害控制 [J]. 冶金建筑，1980 (12): 9~18.

[171] 凌同华. 爆破震动效应及其灾害的主动控制 [D]. 长沙：中南大学，2004.

[172] 甄育才，朱传云. 中远区微差爆破振动叠加效应影响因素分析 [J]. 爆破，2005，22 (2): 11~16.

[173] 张光雄，杨军，卢红卫. 毫秒延时爆破干扰降振作用研究 [J]. 工程爆破，2009，15 (3): 17~21.

[174] 毛静民. 延迟间隔对微差爆破震动效应的影响 [J]. 爆破，1997，14 (2): 81~84.

[175] 王林. 微差爆破中合理微差间隔时间的研究 [J]. 爆破器材，1995，24 (1): 22~24

[176] 杨年华，张志毅. 大区多排深孔微差爆破技术的应用和体会 [C] //第七届工程爆破学术会议论文集，成都，2001: 193~196.

[177] 娄建武，龙源，卢云. 毫秒延时爆破段延时间隔效果研究 [J]. 爆破器材，2006，35 (1): 26~28.

[178] 张大宁. 大孤山铁矿微差爆破延期时间的优化研究 [J]. 矿业研究与开发，2010，30 (4): 88~100.

[179] 魏晓林，郑炳旭. 干扰减振控制分析与应用实例 [J]. 工程爆破，2009，15 (2): 1~6.

[180] 邢光武，郑炳旭，魏晓林. 延时起爆干扰减震爆破技术的发展与创新 [J]. 矿业研究与开发，2009，29 (4): 95~97.

[181] 刘汝勇. 逐孔起爆技术在庙沟铁矿的应用 [J]. 矿业工程，2007，5 (3): 45~47.

[182] 余锡章. 兰尖铁矿采场爆破采取的降震措施 [J]. 矿业工程，2006，4 (1): 37~39.

[183] 李志辉，龚杰. 逐孔起爆技术的研究及现场应用 [J]. 金属矿山，2009 (增刊): 428~433.

[184] 庄世勇，卢文川，高洪亮. 逐孔起爆技术在露天采场的应用 [J]. 金属矿山，2002 (8): 58~62.

[185] 张志呈，熊文，齐曼卿. 露天矿逐孔爆破技术的应用及效果 [J]. 爆破器材，2010，39 (6): 17~21.

[186] 陈星明. 逐孔起爆技术在露天矿生产爆破中的应用 [J]. 有色金属，2006，58 (4): 94~95.

[187] 陈寿，周桂松，周云，等. 逐孔起爆技术在太和铁矿的应用 [J]. 工程爆破，2011，17

(1): 43~45.
[188] 殷延军. 逐孔起爆技术在金堆城露天矿的应用 [J]. 工程爆破, 2004, 9 (3): 72~75.
[189] 施建俊, 汪旭光, 魏华, 等. 逐孔起爆技术及其应用 [J]. 黄金, 2006, 27 (4): 25~28.
[190] 汪旭光. 爆破器材与工程爆破新进展 [J]. 中国工程科学, 2002, 4 (4): 36~40.
[191] 汪旭光, 沈立晋. 工业雷管技术的现状和发展 [J]. 工程爆破, 2003, 9 (3): 52~57.
[192] 马宏昊. 高安全雷管机理与应用的研究 [D]. 合肥: 中国科学技术大学, 2008.
[193] Lewis, Niek. Operating improvements at Vulcan materials McCook quarry using electronic detonators [C] //Proceedings of the Annual Conference on Explosives and Blasting Technique, 2003: 1~14.
[194] 刘星, 徐栋, 颜景龙. 几种典型电子雷管简介 [J]. 火工品, 2003 (4): 35~38.
[195] 高铭, 李勇, 滕威. 电子雷管及其起爆系统评述 [J]. 煤矿爆破, 2006 (3): 23~25.
[196] 陈积松. 我国矿用爆破器材科学技术发展的 50 年 (下) [J]. 金属矿山, 1999 (12): 8~15.
[197] 王维. 电子延期非电雷管的研究 [D]. 武汉: 武汉理工大学, 2010.
[198] 贵州久联民爆器材发展股份有限公司 “电子雷管” 通过技术鉴定 [J]. 爆破器材, 2006 (4): 10.
[199] 张乐, 颜景龙, 李风国, 等. 隆芯 1 号数码电子雷管在露天采矿中的应用 [J]. 工程爆破, 2010, 6 (4): 73~76.
[200] 赵根, 吴新霞, 陈敦科, 等. 数码雷管起爆系统在三峡三期碾压混凝土围堰拆除爆破中的应用 [J]. 工程爆破, 2007, 13 (4): 72~75.
[201] 孟小伟, 黄明利, 谭忠盛, 等. 数码电子雷管在城镇浅埋隧道减振爆破中的应用 [J]. 工程爆破, 2012, 18 (1): 28~32.
[202] 李志荣. 数码电子雷管在铁路隧道掘进爆破中的应用 [J]. 铁道建筑技术, 2012 (8): 64~66.
[203] 宋日. 数码雷管在露天煤矿抛掷爆破技术的应用分析 [J]. 神华科技, 2010, 8 (1): 9~11.
[204] 宋日, 冯宁. I-kon 数码雷管在露天煤矿抛掷爆破技术中的应用 [J]. 爆破器材, 38 (4): 28~30.
[205] 赵根. 台阶爆破精确起爆振动特性研究 [J]. 爆破, 2010, 27 (2): 14~17.
[206] 高文学, 杨军, 肖鹏飞, 等. 基于精确延期的深孔控制爆破技术 [J]. 煤炭学报, 2011, 36 (增刊 2): 386~390.
[207] 李翼祺, 马素贞. 爆炸力学 [M]. 北京: 科学出版社, 1992.
[208] 于亚伦. 工程爆破理论与技术 [M]. 北京: 冶金工业出版社, 2004.
[209] 谢官模. 振动力学 [M]. 北京: 国防工业出版社, 2007.
[210] 赵明生. 基于能量原理的中深孔台阶爆破振动效应研究 [D]. 武汉: 武汉理工大学, 2011.
[211] 张义平. 爆破震动信号的 HHT 分析与应用研究 [D]. 长沙: 中南大学, 2006.

［212］王振宇，梁旭，陈银鲁. 基于输入能量的爆破震动安全评价方法研究［J］. 岩石力学与工程学报，2010，29（12）：2492~2499.

［213］李洪涛. 基于能量原理的爆破地震效应研究［D］. 武汉：武汉大学，2007.

［214］李洪涛，卢文波，舒大强，等. 爆破地震波的能量衰减规律研究［J］. 岩石力学与工程学报，2010，29（增1）：3364~3369.

［215］Hinzen K G. Comparison of seismic and explosive energy in five smooth blasting test rounds［J］. International Journal of Rock Mechanics & Mining Sciences, 1998, 35（7）：957~967.

［216］José A Sanchidrián, Pablo Segarra, Lina M López. Energy components in rock blasting［J］. International Journal of Rock Mechanics & Mining Sciences, 2007（44）：130~147.

［217］Fogelson D E, Atchinson T C, Duvall W I. Propagation of peak strainand strain energy for explosion-generated strain pulses in rock［C］//Proceedings of the third US symposium on rock mechanics. Golden：Colorado School of Mines, 1959：271~284.

［218］Berg J W, Cook K L. Energies, magnitudes and amplitudes of seismicwaves from quarry blasts at Promontory and Lakeside［J］. Utah. Seismol Soc Bull, 1961, 51（3）：389~400.

［219］Nicholls H R. Coupling explosive energy to rock［J］. Geophysics, 1962, 27（3）：305~316.

［220］Atchinson T C. Fragmentation principles［C］//Pfleider E P, Surf Mining. Metallurgicaland Petroleum Engineers. New York：The American Institute of Mining, 1968：355~372.

［221］张少泉，郭建明. 爆炸地震的能量转换系数计算及其应用［J］. 地球物理学报，1984，27（6）：537~548.

［222］彭远黔，刘素英. 承德钢铁公司黑山铁矿矿山爆破地震动效应［J］. 山西地震，1997，42（3）：18~23.

［223］萨瓦连斯基. 地震波［M］. 段星北译. 北京：科学出版社，1981.

［224］赵凯华，钟锡华. 光学（上册）［M］. 北京：北京大学出版社，1984.

［225］陈鹏万. 大学物理手册［M］. 青岛：山东科学技术出版社，1985.

［226］薛孔宽，唐光荣，曹恒安，等. 分段微差爆破地震效应的叠加分析［J］. 爆破，1991，8（3）：67~71.

［227］陆基孟，王永刚. 地震勘探原理［M］. 北京：中国石油大学出版社，2011.

［228］Hori Norio, Inoue Norio. Damaging properties of groundmotions and prediction ofmaximum response of structures based on momentary energy response［J］. Earthquake Engineering and Structure Dynamics, 2002（31）：1657~1679.

［229］谢和平，彭瑞东，鞠杨. 岩石变形破坏过程中的能量耗散分析［J］. 岩石力学与工程学报，2004，23（21）：3565~3570.

［230］蔡美峰，何满潮，刘东燕. 岩石力学与工程［M］. 北京：科学出版社，2002.

［231］Sun J, Wang S J. Rock mechanics and rock engineering in China：developments and current state-of-the-art［J］. Int. J. Rock Mech. & Min. Sci., 2000（37）：447~465.

［232］Sheorey P R. Empirical Rock Failure Criteria［M］. Rotterdam：A. A. Balkema, 1997.

［233］Yu M H, Zan Y W, Zhao J, et al. A unified strength criterion for rock material［J］. Int. J.

Rock Mech. and Min. Sci., 2002 (39): 975~989.

[234] 谢和平，彭瑞东，鞠杨，等. 岩石破坏的能量分析初探 [J]. 岩石力学与工程学报, 2005, 24 (15): 2603~2608.

[235] 赵忠虎，谢和平. 岩石变形破坏过程中的能量传递和耗散研究 [J]. 四川大学学报（工程科学版), 2008, 40 (2): 26~31.

[236] 谢和平，彭瑞东，鞠杨，等. 基于断裂力学与损伤力学的岩石强度理论研究进展 [J]. 自然科学进展, 2004, 14 (10): 1086~1092.

[237] 彭瑞东，谢和平，鞠杨，等. 试验机弹性储能对岩石力学性能测试的影响 [J]. 力学与实践, 2005, 27 (3): 51~55.

[238] 谢和平，陈忠辉. 岩石力学 [M]. 北京: 科学出版社, 2004.

[239] 尤明庆，华安增. 岩石试样破坏过程的能量分析 [J]. 岩石力学与工程学报, 2002, 21 (6): 778~781.

[240] 哈努卡耶夫. 矿岩爆破物理过程 [M]. 北京: 冶金工业出版社, 1987.